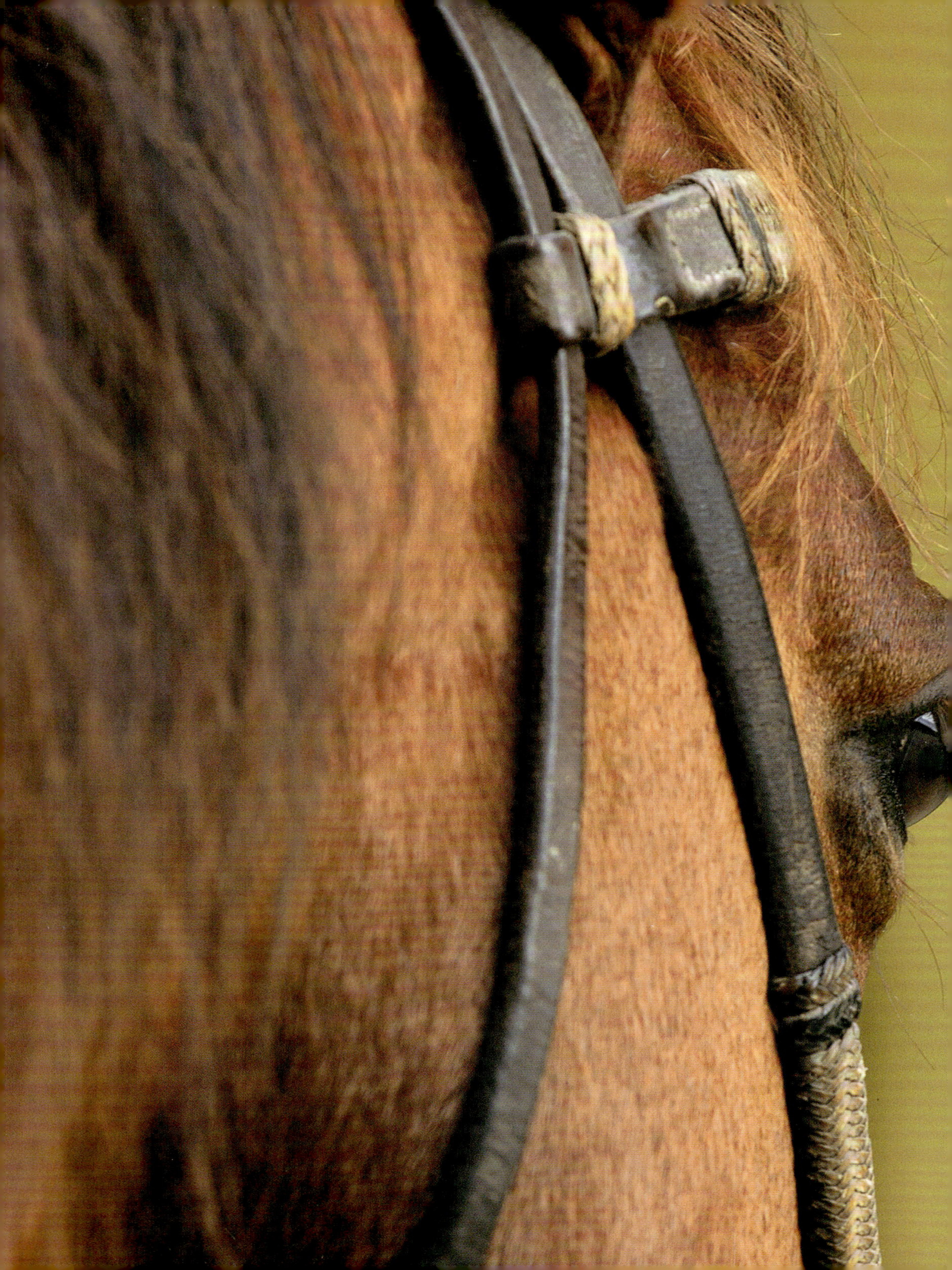

Basistraining für Pferde

Richtig ausbilden | Problemen vorbeugen

blv

BERND HACKL

Was Sie in diesem Buch finden

Vorwort Leslie Desmond

Niemals zuvor gab es eine Zeit, in der mehr Menschen Pferde besaßen – und zugleich immer weniger von ihnen verstanden. Aus diesem Grund nehmen Leute, die viel Zeit in das Erlernen der Pferdesprache investieren, einen ganz besonderen Platz in der Pferdewelt ein. Durch Ausprobieren, Experimentieren und ihr Vorbild geben sie ihren Schülern nützliche Werte mit auf den Weg. Gefühl, die Sprache des Pferdes, ist nicht käuflich – auch nicht verkäuflich. Hat aber jemand einen guten Lehrer, ein brennendes Verlangen danach zu lernen und nimmt er sich so viel Zeit wie nötig, dann kann er schließlich die Fähigkeiten eines guten Horseman erwerben. Um Gefühl zu erlernen, braucht man Gefühl. Und es bedarf viel Kraft zuzugeben, dass die Hauptsache, die man über Pferde wissen sollte, vielleicht die letzte ist, die wir erlernen.

Mit dem Ziel, so viel wie möglich über Pferde zu lernen, widmet sich Bernd Hackl dieser Aufgabe. Inspirierend und ermutigend hilft er seinen Schülern, die vielen Herausforderungen, die auf dem Weg zur Partnerschaft mit Pferden auftreten, mit Geduld zu meistern. Wie viele andere Horse(wo)men zuvor und wie viele andere, die noch kommen werden, hat Bernd schwierige Momente, die zum persönlichen Reifen beitragen, durchlebt. Auf dem Weg zum Horseman, bei dem sich Pferde wohlfühlen, ist die Selbsterkenntnis ein wesentlicher Schritt. Dieses Wachstum benötigt Bescheidenheit und die Einsicht, dass wir alle Hilfe nötig haben, um die Feinheiten von Horsemanship zu verstehen. In diesem Buch »Basistraining für Pferde« teilt Bernd mit uns sein jetziges Wissen. Ich hoffe, ihr werdet es genießen. Ich weiß, ich werde es.

Herzlichst,
Leslie Desmond
American Horsemanship Coach
Co-Autor, True Horsemanship Through Feel

Vorwort Bernd Hackl

Das Leben besteht aus Experimenten: Man versucht etwas und je nachdem, ob es funktioniert oder nicht, zieht man seine Schlüsse und lernt daraus. Ich denke, das ist die größte Gemeinsamkeit, die wir mit unseren Pferden haben. Deshalb finde ich es manchmal beschämend, mit welcher Selbstverständlichkeit wir tagtäglich die gleichen Fehler im Umgang mit unseren Vierbeinern wiederholen. Es scheint für manche Besitzer oft normal zu sein, dass ihr Pferd »ein bisschen« steigt oder durchgeht und sonstige Probleme macht, die wieder und wieder mit mehr oder weniger Gewalt gelöst werden.

Oft wäre es mit einem bisschen mehr an Gefühl, Verständnis und Arbeit um ein Vielfaches leichter, vor allem für die Pferde, Probleme zu lösen. Jeder sollte an sich selbst arbeiten, um die uns allen innewohnende Arroganz und Ignoranz zu unterdrücken, und versuchen, einen Weg zu finden, auf dem wir reitartunabhängig voneinander lernen – für das Wohlergehen unserer Pferde. Wir alle haben die gleiche Grundvoraussetzung, nämlich einen Partner, der immer den Weg des geringsten Widerstandes wählt. Es liegt an uns, den Pferden Türen zu öffnen und sie herausfinden zu lassen, wo diese Türen sind.

Ich möchte meine Pferde im Training so behandeln, wie auch ich von meinen Pferden behandelt werden möchte. Natürlich wird es nicht immer problemlos vonstatten gehen, aber einer unserer Leitsätze sollte sein: Eine Hand wäscht die andere! Leider ist es stattdessen viel zu oft »Auge um Auge, Zahn um Zahn«. Spezielle Techniken und Hilfsmittel sind nur Werkzeuge, Horsemanship ist jedoch mehr, als nur Werkzeuge zu benutzen. Es ist voneinander und zueinander fühlen. Es gilt, das Gefühl und das Fühlen weiterzuentwickeln und anzuwenden.

Horsemanship ist eine Lebenseinstellung. Es ist das Bewusstsein, Verantwortung für ein Lebewesen zu übernehmen, das uns vertraut und auf uns angewiesen ist. Nicht nur in der Versorgung, sondern im gesamten Umgang. Mein Pferd ist ein edler, anmutiger Athlet und es obliegt mir, dass dieser Ausdruck sowie die Geschmeidigkeit und Agilität in meinem Partner erhalten bleiben. Das beginnt beim schlampigen Outfit und zieht sich über die Pferdehaltung bis hin zum Reiten (stumpfes Fell, mager, Maul auf, Kopf hoch, Schweif schlagen usw.)

Ich möchte stolz sein, mein Pferd der Öffentlichkeit präsentieren zu dürfen, und ich möchte, dass dieser Stolz sich im Verhalten und dem Auftreten meines Pferdes widerspiegelt.

An dieser Stelle möchte ich zwei Männer erwähnen, die Horsemanship wirklich zu ihrer Lebensaufgabe gemacht haben: Bill und Tom Dorrance. Bill ist leider verstorben, sein Bruder Tom ist inzwischen über 90 Jahre alt. Ihr ganzes Leben lang beobachteten sie die Pferde, wie sie frei laufen, allein und in der Herde.

Tom Dorrance sagt, zu sehen, wie sie sich benehmen, wie sie auf andere Pferde, andere Lebewesen und Dinge reagieren, habe ihn gelehrt, wie er sich ihnen gegenüber verhalten müsse, damit sie ihn verstehen und ihm folgen können. Er versteht die Körpersprache der Pferde und gestattet es einem Pferd, Selbstvertrauen aufzubauen. Tom folgt dem Grundsatz »weniger ist mehr«: Gefühl, die richtige Zeit, Ausgeglichenheit und klare Anweisungen sind die Grundlagen seiner Ausbildung.

Viele Leute kommen zu Tom Dorrance und sagen, sie hätten ein Problem mit ihrem Pferd. Er verblüfft sie mit der folgenden Antwort: »Haben Sie je darüber nachgedacht, dass nicht Sie ein Problem mit Ihrem Pferd haben, sondern dass Ihr Pferd vielleicht ein Problem mit Ihnen hat?«

Auch ich treffe bei meiner Arbeit oft auf Menschen, denen ich diese Frage stellen könnte. Wir Menschen von heute sind daran gewöhnt, rational zu handeln und eine möglichst schnelle und kostengünstige Lösung zu finden. Pferde haben einen anderen Rhythmus, sie kennen die Uhr nicht, sie handeln aus dem Trieb, sich selbst und ihre Art zu erhalten.

Stimmen die Voraussetzungen, dann steht einer guten Partnerschaft mit dem Pferd nichts mehr im Wege.

Das ist für sie vernünftig. Ich habe es mir zur Aufgabe gemacht, nicht nur die Pferde auszubilden, sondern auch den Menschen ein bisschen von diesem Gefühl für das Lebewesen Pferd mit auf den Weg zu geben, damit sie ihre Pferde besser verstehen und behandeln können.

Inzwischen sind es nicht mehr nur Tom Dorrance und sein Bruder Bill, sondern auch deren langjährige Freunde und bereits deren Schüler, die für die Verbreitung ihrer Ideen, dieser besonderen Form des Pferdetrainings, sorgen. Ray Hunt, Buck Brannaman, Leslie Desmond, Brian Neubert – um nur ein paar zu nennen – geben den Menschen jedoch lediglich Anregungen, eine Idee. Sie wollen sie zum Nachdenken bringen, auf dass die Menschen die Lösung selbst finden.

Dank

Abschließend möchte ich mich noch bei allen bedanken, die mich auf meinem Weg unterstützt haben und dies immer noch tun.

Ganz besonderer Dank an meine Eltern und Geschwister, die mich zu dem Menschen gemacht haben, der ich heute bin.

Danke an Brian Turnbull, Bill Horn, Roy Sharpe, Steve Holloway und Leslie Desmond, die es mir ermöglicht haben, mich in diese Richtung zu entwickeln.

Danke an Carola Steen, die dieses Buch ermöglicht hat und viel Zeit und Geduld für mich aufbrachte.

Last, but not least: Danke an die Pferde, von denen ich bisher am meisten lernen durfte.

And now: »Open your mind – turn loose«.

Ihr

Bernd Hackl

Ruhmannsfelden im Juni 2012

Zwei, die sich verstehen. Eine gute Voraussetzung für die Zusammenarbeit mit dem Pferd.

Grundausbildung des Pferdes

Der erste Teil des Buches beschäftigt sich mit der Grundausbildung des Pferdes nach einer bestimmten Art der Kommunikation, die sich aus der Beobachtung von frei lebenden und domestizierten Tieren entwickelt hat. Es werden außerdem sinnvolle Ausrüstungsgegenstände vorgestellt.

Kommunikation zwischen Pferd und Mensch

Tom Dorrance gilt als der geistige Vater des gewaltfreien Trainings. Als die Frau seines besten Freundes Ray Hunt ihn bat, ein Buch zu schreiben, rief er erschrocken: »Was denkst du! Es ist schon schwer genug, wenn ich mit dem Pferd und seinem Menschen in der Arena stehe und beiden Auge in Auge erklären muss, was ich meine. Es in einem Buch zu erklären, das ist ganz und gar unmöglich. Inzwischen gibt es dieses Buch, es heißt »True Unity – Tom Dorrance spricht über Pferde. Wahre Einheit und willige Kommunikation zwischen Pferd und Mensch«. Einmal im Jahr prüft er jeden Satz auf seine Richtigkeit. Er befürchtet, die Menschen könnten weniger herauslesen, als er ihnen hineingeschrieben hat. Seinen Freunden ist es zu verdanken, dass sein Gedankengut in alle Welt hinausgetragen wird.

Kommunikation zwischen Mensch und Tier sollte auf gegenseitigem Vertrauen basieren.

Horsemanship

Jeder Horseman hat im täglichen Training eine eigene »Handschrift« entwickelt und es den heutigen Gegebenheiten angepasst. Die einzelnen Elemente dieser Ausbildung beruhen auf der Erkenntnis, dass Pferde Bewegungstiere sind. Nur in der Bewegung lässt sich ein Fortschritt erreichen. »Ein Pferd denkt und fühlt durch seine vier Beine«, pflegte Ray Hunt seinen Schülern die Bedeutung dieser Erkenntnis näherzubringen. Ich lernte diese schonende Form des Pferdetrainings bei Steve Holloway in Florida/USA kennen. Dieser war wiederum ein Schüler von Ray Hunt und Buck Brannaman. Zurück in Deutschland, baute ich diese Trainingselemente in meine tägliche Arbeit mit jungen Pferden ein. Leider gibt es den Idealfall eines absolut rohen Jungpferdes hier relativ selten. Die meisten Anfragen habe ich im Herbst bzw. Winter nach dem üblichen Anreittermin. Und merkwürdigerweise wird dann oft schon von einem Problempferd gesprochen. Aufgrund der Reaktionen dieser Pferde kann sich ein erfahrener Trainer so manches zusammenreimen. Vermutlich wurde im Sommer schon einiges ausprobiert – und es hat nicht so geklappt, wie man es sich vorgestellt hat. Nur wenige Pferdebesitzer sind dann so ehrlich und geben ihre Misserfolge zu. Zur Ehrenrettung muss man natürlich sagen, dass missglückte Anreitversuche nicht immer der Grund für Probleme sind. Wenn jemand ein zwei- oder dreijähriges oder gar älteres Pferd kauft, steht oftmals eine ganze Lebens-, wenn nicht Leidensgeschichte dahinter. Dass aus so einem »Problempferd« ein vertrauensvoller und entspannter Reitpartner werden kann, ist immer wieder Ansporn für mich.

Der richtige Zeitpunkt

»Natürlich mit drei Jahren«, wird jeder Pferdekenner sofort sagen. Tatsächlich ist die Antwort nicht so eindeutig und zudem wird die Frage sehr kontrovers diskutiert. Da wird von früh- und spätreifen Rassen gesprochen. Der Glaube an die Frühreife von Galopp- und Trabrennpferden sowie Quarter Horses wird durch keine wissenschaftliche Untersuchung eindeutig belegt. Tatsächlich steht der Leistungsgedanke bereits bei der Aufzucht und Vermarktung junger Pferde stark im Vordergrund. Ein Pferd soll innerhalb kürzester Zeit eine Menge können, ansonsten ist es nicht wirtschaftlich. Das Pferd, das den Menschen ein Stück Natur und damit viel Freude in ihre Freizeit bringen soll, wird zu einem Sportgerät degradiert. Eine Entwicklung, die mich traurig stimmt.
Ich reite junge Pferde verschiedenster Rassen an. Ob diese Pferde irgendwann Dressur, Springen, Reining, Cutting oder Pleasure »gehen« oder als reine Freizeitpartner ihr weiteres Leben verbringen werden, ist dabei nicht entscheidend.

Psychische und physische Reife

Jede Übung dient dazu, beim Pferd Verständnis für alle Tätigkeiten des Alltags zu wecken und nicht seinen Widerstand herauszufordern. Die einzelnen Übungen berücksichtigen dabei die Natur des Pferdes. Außerdem wird bereits vom Boden aus die Balance geschult.

Bis ein Pferd jedoch voll belastbar ist, d. h. die Rückenmuskulatur so weit ausgebildet ist, dass es einen Reiter ohne vorzeitigen Verschleiß tragen kann, wird noch einige Zeit ins Land gehen – und ist eigentlich auch eine andere Geschichte. Das Anreiten eines jungen Pferdes und das darauf folgende Reittraining sind, genau genommen, zwei verschiedene Sachen. Selbstverständlich muss gewährleistet sein, dass das Pferd vom Knochengerüst her so weit ausgewachsen ist, ein Gewicht tragen zu können. Eine röntgenologische Untersuchung, die zeigt, dass die distale Radiusepiphysenfuge geschlossen und eine ausreichende Durchkalkung der Knochen vorhanden ist, bringt dem Pferdebesitzer Gewissheit.

Neben diesen körperlichen Eigenheiten darf man jedoch nicht den besonderen Charakter und das Temperament eines Pferdes vergessen. Ähnlich wie beim Menschen gibt es auch bei Pferden geistige Frühstarter und Spätzünder. Pferde gehören nun mal zu den hoch entwickelten Säugetieren und die Zeit bis zum Erwachsenenalter beträgt einige Jahre. In dieser

Zeit sind sie besonders lernfähig. Wartet man mit einer Grundausbildung zu lange, wird sich das Pferd langweilen und eventuell ein derartiges Selbstbewusstsein entwickeln, dass jeder Ausbilder seine liebe Mühe haben wird, dem Halbstarken (oder der Halbstarken) die Regeln des Alltags zu erklären. Der »richtige« Zeitpunkt des Anreitens ist bei jedem Pferd anders.

Der Termin rückt näher

Reiten Sie ihr Junges Pferd nun selbst an oder geben Sie es ins Training? Bei vielen Pferdebesitzern kommt die Antwort recht schnell – natürlich selbst. Da wird der finanzielle Aspekt über jede andere Überlegung gestellt. Aber mit Sicherheit fällt die Entscheidung, das Pferd für einige Monate in fremde Hände und in eine fremde Umgebung zu geben, auch nicht leicht. Das alles sind Dinge, die mitbedacht werden müssen. Wenn Sie also entschlossen sind, alles selbst zu machen, beantworten Sie die Fragen auf Seite 17 offen und ehrlich.

Wenn Sie alle zehn Fragen guten Gewissens mit einem deutlichen »Ja« beantwortet haben, gehören Sie zu einer kleinen Gruppe von Pferdemenschen, die auch ein gutes Händchen für junge Pferde haben.

Konnten Sie über die Hälfte bejahen, gehören Sie zu den guten Reitern, die unter Mithilfe eines Profis die gewünschten Fortschritte mit ihrem jungen Pferd verbuchen können.

Allen anderen sei jedoch dringend geraten, ihr vielversprechendes Jungpferd in die Hände eines seriösen Trainers zu geben – nach gründlicher Prüfung seiner Arbeit selbstverständlich.

Der richtige Ausbilder

Sie sollten rechtzeitig – also einige Monate vor dem eventuellen Termin – die infrage kommenden Trainer unter die Lupe nehmen.

Nehmen Sie sich Zeit, erwarten Sie auch von dem Trainer, dass er sich für Ihre Fragen Zeit nimmt und Ihnen seine Arbeit zeigt. Lassen Sie sich nicht nur von klingenden Titeln und glitzernden Pokalen leiten. Erfolge auf einem Turnier und die Arbeit mit jungen Pferden sind in der Regel zwei Paar Stiefel.

Das Anreiten von Jungpferden ist häufig eine Art »Abfallprodukt« im großen Spektrum des Reitsports. Es ist sehr zeitintensiv, der gewünschte Erfolg lässt manchmal lange auf sich warten. Lassen Sie sich bei der Wahl des Trainers ruhig von Ihrem Gefühl leiten. Wenn der Profi gleich die ersten Turniererfolge Ihres Pferdes im Auge hat, überspringt er einige Monate des Wachsens und Reifens. Und das geht wiederum zulasten einer langen Lebensdauer des Pferdes.

Ausschlaggebend ist auch nicht unbedingt, nach welcher Methode Ihr Pferd angeritten wird. Es spielt keine Rolle, ob der Trainer oder die Methode, nach der er arbeitet, einen klangvollen Namen hat oder nicht. Es ist letztendlich nur wichtig, was unter dem Strich für alle Beteiligten dabei herauskommt. Der Sicherheitsgedanke und die Freude sollten dabei an erster Stelle stehen.

Wenn Sie das Gefühl haben, die Ausbildungsmethode passt zu Ihrem Pferd und Sie kommen im Alltag damit zurecht, dann kann sie nicht so verkehrt sein.

Kann ich mein junges Pferd selbst anreiten?

1 Haben Sie auf Ihrer Anlage einen Round-Pen, einen eingezäunten Reitplatz oder eine Reithalle zur Verfügung, wo Sie ungestört und ohne Gefahr für Mensch und Tier ein Training durchführen können?

2 Sind Sie ein Mensch, der in jeder Situation Ruhe und Selbstsicherheit ausstrahlt, selten die Beherrschung verliert, gleichzeitig aber auch die nötige Konsequenz besitzt, um das jeweilige Trainingsziel zu erreichen?

3 Haben Sie die ausreichende körperliche Fitness und Gewandtheit, die beim Anreiten bzw. Bereiten junger Pferde benötigt werden, da diese erfahrungsgemäß selbst noch eine Weile Schwierigkeiten mit der Balance haben.

4 Angenommen, Ihr hoffnungsvolles Jungpferd hat erst mal eine ganz andere Meinung von Sattel und Reitergewicht – sind Sie körperlich und mental in der Lage, beim Bocken, Steigen oder Losrennen der Situation entsprechend ruhig und besonnen zu reagieren?

5 Haben Sie neben Ihrer Haupttätigkeit so viel Zeit, dass Sie sich jeden Tag ohne Druck und Stress Ihrem Jungpferd widmen können?

6 Haben Sie bereits bei oder mit anderen Jungpferden Erfahrungen sammeln können?

7 Sind Sie in der Lage, schwierige Situationen im Training vorausschauend und leidenschaftslos zu beurteilen, um sie in den Griff zu bekommen?

8 Haben Sie eine feine und leichte Zügelhand, um das empfindliche Maul des jungen Pferdes nicht zu irritieren, es aber dennoch mit der Zeit an ein Gebiss zu gewöhnen?

9 Haben Sie die reiterliche Erfahrung, nach erfolgreichem Anreiten Ihr Pferd in Richtung Versammlung zu trainieren, was eigentlich nichts anderes bedeutet, als alle Muskelpartien so weiterzuentwickeln, dass das Pferd ein Reitergewicht ohne körperliche Schäden lange Jahre tragen kann?

10 Haben Sie in Ihrer Nähe einen mit jungen Pferden erfahrenen Ausbilder, der Ihnen notfalls wertvolle Tipps geben kann und wird?

Umgebung und Ausrüstung

Safety first – die Sicherheit für Mensch und Tier steht bei allen Verrichtungen an erster Stelle! Unterschätzen Sie nicht die Reaktionen und die Kraft Ihres Pferdes. Auch wenn Ihr Liebling sich bis zu diesem Zeitpunkt als umgänglich erwiesen hat, kann der Wechsel von dem beschaulichen Leben als heranwachsender »Lümmel« zum neuen Lebensabschnitt als »Reitpferd« auch ganz neue Reaktionen hervorrufen. Seien Sie sich selbst gegenüber kritisch, überprüfen Sie immer wieder Ihre Anweisungen. Nicht alles, was einem Menschen logisch erscheint, versteht ein Pferd ohne weiteres. Pferde lernen durch Wiederholungen. Die Übungen müssen konsequent, aber emotionslos ausgeführt werden. Zeit spielt dabei überhaupt keine Rolle.

Jedes Pferd ist anders

Und auch bei der Spezies Pferd gibt es unterschiedliche Temperamente und Charaktere. Ich erkläre das gerne so: Es ist, als ob ich einem Lehrling erzählen würde, der Himmel sei grün. Ein eher einfaches Gemüt wird das bestätigen: »Jawohl, der Himmel ist grün – und ich habe meine Ruhe.« Dann gibt es natürlich auch die etwas Mutigeren: »Vielleicht ist der Himmel grün, vielleicht auch nicht, wollen wir mal sehen.« Am anderen Ende der Skala befinden sich die Selbstbewussten: »Wenn der Himmel grün ist, musst du mir das beweisen!« Mit einem solchen Pferd kann ein Anfänger durchaus überfordert sein.

Wenn man das Gefühl hat, man gerät mit seinen Bemühungen in eine Sackgasse, ist es keine Schande, einen erfahrenen Pferdemenschen zurate zu ziehen.

Der Round-Pen

Der Round-Pen ist meiner Meinung nach eine wichtige Voraussetzung für die Arbeit mit jungen bzw. Problempferden, da er aufgrund seines Aufbaus die beste Kommunikation zwischen dem Pferd und mir ermöglicht. Der Round-Pen sollte einen Durchmesser von 15–20 Metern haben, gut eingezäunt und mit einem rutschfesten Belag ausgestattet sein. Zu beachten ist bei einem jungen bzw. ungymnastizierten Pferd, dass es zwar in einem Round-Pen um den Menschen in der Mitte »drumherum« läuft, auf Grund der noch fehlenden Wirbelsäulenbiegung aber noch keinen korrekten Kreis einhalten kann. Es wird unter Umständen Probleme mit seiner natürlichen Balance bekommen und versuchen, sich über eine erhöhte Gschwindigkeit aus diesem Dilemma zu retten – und bekommt noch mehr Schwierigkeiten. Häufig endet die ganze Übung mit Stolpern und wildem Gerenne, bis das Pferd erschöpft ist. Ein müder »Schüler« ist jedoch ein schlechter »Schüler« und kann nicht unser Ziel sein.

Ein anderer Punkt ist vielleicht der, ob ein junges Pferd im Round-Pen nur die willkommene Gelegenheit sieht, sich auszutoben. Dann ist eine Menge Grundsätzliches zu hinterfragen.

Hat es ansonsten genügend Auslauf, sozialen Kontakt zu anderen Pferden, stimmt die Fütterung? Oder – bin ich wirklich erfahren genug, um ein solches Temperamentsbündel in die richtigen Bahnen zu lenken? (siehe S. 17)

Stall- und Knotenhalfter

In ein gutes, stabiles Halfter zu investieren ist unter Umständen eine Anschaffung für viele Jahre. Es sind leider schon viele Halfter gerissen, weil am falschen Ende gespart worden ist. Ein Halfter reißt immer zur unpassenden Zeit. Und manchmal wird aus einem Schneeball eine ganze Lawine, wenn das Pferd sich erschreckt und davonrennt. Eine Erfahrung, die nicht unbedingt notwendig ist.

Auch Halfter unterliegen Modeerscheinungen. Zurzeit sind unterlegte Halfter sehr beliebt. Ein gut gemeintes Angebot, doch leider für unsere Arbeit nicht von Vorteil, da diese Halfter den Druck sehr unterschiedlich an den Pferdekopf weitergeben.

Für die eigentliche Bodenarbeit benutze ich ein Double-Diamond-Knotenhalfter. Die Knoten liegen nicht auf bestimmten Nervenkreuzungspunkten, wie manchmal zu hören ist. Aber diese besonderen Knoten verdeutlichen die Hilfe und geben sie eben punktgenau weiter. Diese Arbeitshalfter halten einen Zug von ca. drei Tonnen aus und sind aus diesem Grund nicht geeignet, das Pferd anzubinden. Sollte ein Pferd in Panik daran ziehen, besteht die Gefahr eines Genickbruches!

Stallhalfter (links) sind für den täglichen Umgang optimal, für die Bodenarbeit eignet sich ein Knotenhalfter (rechts), da damit Signale eindeutiger an das Pferd übermittelt werden können.

Gamaschen

Boots gehören unbedingt zur Grundausrüstung. Junge Pferde können ihre vier Füße noch nicht gut koordinieren. Auch da gibt es natürlich talentierte und weniger talentierte Kandidaten. Auf jeden Fall dienen Gamaschen dazu, die Verletzungsgefahr zu minimieren. Gerade eine Verletzung an den Beinen veranlasst das junge Pferd dazu, beim nächsten Mal noch unsicherer und ängstlicher bei den Übungen mitzumachen.

Der Flaggenstock

Ähnlich wie eine gewöhnliche Gerte ist der Flaggenstock mein verlängerter Arm. Darüber hinaus habe ich mit dem Fähnchen die Möglichkeit, meine Hilfen besser zu dosieren. Bei einem eher ängstlichen Pferd erreiche ich mit dem Fähnchen eine Desensibilisierung, wohingegen ich bei einem eher stoischen oder phlegmatischen Pferd die Hilfe deutlich erhöhen kann.

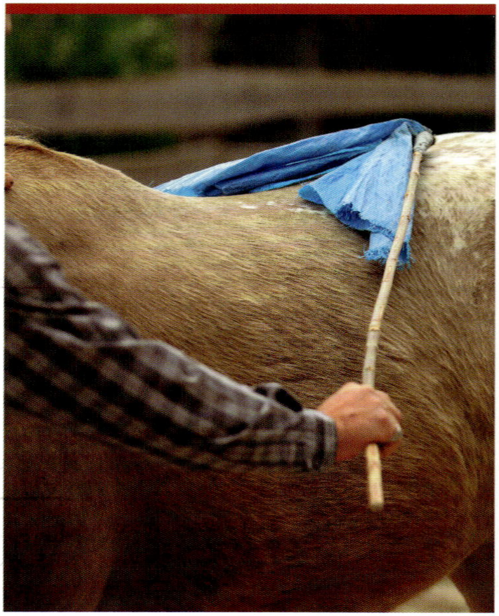

Der Flaggenstock eignet sich zur Desensibilisierung wie auch zur vermehrten Hilfengebung.

Rope – Lasso

In Amerika gehört ein Rope zur Grundausstattung bei der täglichen Arbeit. In Deutschland zählt dieses Arbeitsmittel noch zu den exotischen Ausrüstungsgegenständen, das nur langsam Einzug halten wird in den Alltag eines Pferdetrainers.

Tatsächlich gehören zur Arbeit mit dem Rope jahrelange Erfahrung und ausreichende Kenntnisse über Funktion und Qualität der verschiedenen Ropes. Ich benutze bei meinem Training ein 18 m (60 Fuß) langes TripleXsoft-Rope. Häufig wird das 10 m (30 Fuß) lange Medium-Soft-Rope angeboten, das für meine Zwecke eindeutig zu hart ist. Reagiert ein Pferd mit Angst auf ein Rope, wurde sicherlich unsachgemäß oder mit einem zu harten Rope gearbeitet.

Bevor Sie jedoch gleich Ihr Pferd als Partner für die ersten Schritte mit dem Rope auswählen, kalkulieren Sie lieber eine große Anzahl von Trockenübungsstunden ein. Im Cowboyland USA fangen schon die Vorschulkinder mit dem Roping an! Hier gilt: Übung macht den Meister. (Siehe auch »Arbeit mit dem Rope« S. 66 ff.)

Hobbles

Wenn abends das Lager aufgeschlagen wird, ist das Hobbeln der Reit- und Lasttiere für alle Viehhirten dieser Welt ein notwendiges Ritual. Während die Menschen sich zur Nachtruhe begeben, fangen Pferd, Esel oder Kamel an zu weiden. Dabei haben sich in den verschiedenen Kulturkreisen unterschiedliche Arten des Hobbelns herausgebildet. Es gibt Drei- und Zweibeinhobbles. Bei Kamelen (Dromedaren, Lamas usw.) wird häufig nur ein Bein hochgebunden. Der Sinn und Zweck ist immer der gleiche: Die Tiere können sich langsam fortbewegen, um sich ihre notwendige Nahrung zu beschaffen, aber sie können nicht weglaufen.

Pferde mögen es nicht, wenn etwas sie an den Beinen festhält. Als typische Lauf- und Fluchttiere widerspricht das komplett ihrem angeborenen Verhalten. Ist ein Pferd – selbstverständlich nach gründlicher Vorbereitung – daran gewöhnt, dass etwas seine Bewegung einschränkt, gerät es nicht mehr so schnell in Panik, wenn es tatsächlich mal in eine brenzlige Situation gerät.

Dazu gibt es folgende Geschichte: Craig Cameron, ein bekannter amerikanischer Pferdetrainer, Schüler von Ray Hunt und Tom Dorrance, vermisste seit zwei Tagen eine Stute. Er begab sich auf die Suche und nach ein paar Stunden fanden er und ein Helfer diese Stute. Das Pferd war in einer Senke mit Buschwerk in einen

Ein Rope gehört nur in erfahrene Hände, denn durch falsches Material und unsachgemäße Handhabung könnte dem Pferd geschadet werden.

Draht geraten, der wohl vom Vorbesitzer dieser Ranch dort sträflicherweise vergessen worden war. Die Stute hatte sich mit den Füßen so in dem Draht verfangen, dass sie sich nicht von der Stelle rühren konnte. Doch anstatt in Panik zu verfallen und zu strampeln, wie es für ein Pferd typisch wäre, harrte sie aus und rief laut wiehernd um Hilfe. Craig und sein Helfer befreiten die Stute und nach einer kurzen Untersuchung stellten sie mit Erleichterung fest, dass sie völlig unverletzt war.

Sinn und Zweck

Sie werden jetzt vielleicht sagen: »Mein Pferd steht auf keiner Ranch, wo es verloren gehen kann.« Aber auch der Alltag in Deutschland steckt voller Tücken. Im Stall oder auf der Weide kann ein Pferd in einen Zaun oder andere Dinge geraten, die es festhalten. Bei Ausritten kommt es zu Begegnungen mit rücksichtslosen Verkehrsteilnehmern oder anderen Freizeitsportlern. Pferde reagieren dann häufig schreckhaft und unkontrolliert. Ein Pferd, das gelernt hat zu warten und nicht in Panik gerät, ist der Sicherheitsfaktor schlechthin.

Bevor Sie jetzt jedoch losstürmen, um Hobbles zu kaufen, muss man sagen, der Vorgang des Hobbelns ist nichts für Anfänger. Dieser Trainingsabschnitt gehört absolut in die Hand eines Profis, der die zu erwartenden Reaktionen des Pferdes richtig einschätzen und darauf reagieren kann. Darum wird es in diesem Buch auch nicht ausführlich beschrieben. Das

Sporen: Sowohl Hilfsmittel als auch persönliches Schmuckstück.

A und O ist die Vorbereitung, und die erfolgt zuerst mit einem Rope. Erst wenn alle vier Beine des Pferdes mit einem Rope nach allen Seiten bewegt werden können, ohne panische Reaktionen hervorzurufen, ist an ein Hobbeln zu denken.

Ohne entsprechende Umgebung, d.h. ein gut geschützter Round-Pen mit Sandboden, und die richtige Einschätzung der Situation ist diese Aktion zum Scheitern verurteilt. Darum ist Hobbeln in Deutschland auch in die Nähe der Tierquälerei geraten, weil einige »Möchtegern-Cowboys« Pferde ohne entsprechend sorgfältige Vorbereitung gehobbelt haben und dabei grässliche Unfälle passiert sind.

Ich hobble Pferde nur in Ausnahmefällen und nur nach Absprache und im Beisein des Besitzers.

Sporen

Sporen haben im Grunde genommen verschiedene Zwecke. Was sie mit Sicherheit nicht bewirken sollen, ist, ein Pferd zu überzeugen, der Gewalt zu gehorchen. Sporen sollten nicht hart eingesetzt werden.

Sinn und Zweck

Im Gegenteil: Mit Sporen kann ich meine Hilfen verfeinern. Wenn der Reiter mit einem Schenkel stark drückt oder gar den Stiefelabsatz in das Pferd hineinbohrt, erreicht er nur, dass er seinen Schwerpunkt verliert, auf dem Pferd hin und her wackelt und es irritiert. Stattdessen empfiehlt es sich, das Sporenrad je nach Bedarf sanft am Pferdebauch abzurollen und so die Hilfen dem Pferd mitzuteilen.

Beratung ist wichtig

Voraussetzung ist selbstverständlich, dass es sich um einen fortgeschrittenen Reiter handelt, der bereits in allen drei Grundgangarten ruhig im Schwerpunkt sitzen kann.
Dann empfiehlt es sich, beim Kauf eines persönlichen Sporens mehrere Dinge zu berücksichtigen und sich auch beraten zu lassen. Es geht dabei um die Größe des Pferdes, die Größe des Reiters bzw. die Länge seiner Beine und eventuell um den Verwendungszweck. Es gibt Sporen mit kleinen oder großen Rädern, ohne oder mit Zacken. Sporen haben kurze oder lange Hälse, die nach oben oder unten weisen können. Es gibt Sporen mit schmalen oder breiten Bändern.

Sporen als Kulturgut

Außerdem sind Sporen nicht nur Arbeitsgerät, sondern Teil einer Kulturgeschichte, wie z.B. im Westen der USA. Ähnlich wie der Bau eines Westernsattels war und ist die Herstellung von Gebissen und Sporen auch eine künstlerische Ausdrucksform der Männer im Westen der USA, die oftmals ihr ganzes Leben mit den Pferden (die ja ihre Arbeitspartner waren!) verbrachten. Vielleicht sogar noch ein bisschen mehr, denn die Sporen waren ja nicht am Pferd, sondern am Stiefel des Cowboys.

So geraten Sporen oft zu einem Schmuckstück, werden mit Kupfer, Messing oder sogar fast ganz aus reinem Silber hergestellt. Häufig waren Sporen auch ein sehr persönliches Geschenk an einen guten Freund und dieser trug sie mit dem entsprechenden Stolz.

Welcher Sporn für welches Pferd

Bei rohen Pferden trage ich bei den ersten Ritten natürlich keine Sporen. In dieser Zeit ist immer damit zu rechnen, dass das Pferd mal einen Schritt oder sogar einen Satz vorwärts oder seitwärts macht. Und wenn ich dann – sei es nur aus Versehen – mit einem Sporen an den Pferdebauch komme, eskaliert die Situation.

Nach dieser ersten Phase des Anreitens benutze ich Sporen, die komplett abgerundet sind, also keine Zacken haben. Bei älteren Pferden oder auch Problempferden benutze ich Sporen mit abgerundeten Zacken, da ich dort meine Hilfen sehr differenziert einsetzen kann und manchmal auch einer Frage Nachdruck verleihen möchte.

Sporen mit spitzen bzw. angeschliffenen Zacken gehören bestenfalls an die Wand eines Saloons, aber nicht an einen Stiefel! Wie bei meiner ganzen Arbeit heißt es auch hier: So wenig wie möglich, so viel wie nötig!

Was Sie bei der Auswahl beachten sollten

Sporen sind immer so hart wie der Reiter, der sie benutzt. Außerdem gilt die Devise: Je stumpfer die Zacken und je größer das Rad, umso milder sind die Sporen. Manchmal gibt es die irrige Auffassung, dass kleine Sporen harmlose Sporen seien. Tatsächlich ist die Auflagefläche, die bei einem großen Sporenrad am Pferdebauch abrollt, viel größer und daher milder.

Der nächste Punkt, den man beim Kauf von Sporen beachten sollte, ist die Bandbreite. Häufig sieht man Sporen mit einem schmalen Band, da die in der Regel billiger sind. Leider verbiegen sich diese Sporen auch sehr schnell, verrutschen ständig und bleiben einfach nicht an der Stelle, wo sie hingehören. Das hat zur Folge, dass das Pferd ständig an verschiedenen Stellen den Sporen spürt und dadurch irritiert wird.

Ein breites, schweres Sporenband bleibt immer an derselben Stelle, selbst wenn der Reiter – wie beim Cutting etwa – enorme Bewegungen des Pferdes ausgleichen muss. Dasselbe gilt übrigens auch für den Sporenriemen. Ein breiter Riemen sorgt dafür, dass die ganze Konstruktion ruhig am Stiefel sitzt.

Ganz wichtig ist auch die Länge des Sporenhalses. Ein Reiter mit einem langen Bein sollte auch einen langen Sporenhals benutzen. Reiter mit kurzen Beinen sollten dagegen einen kurzen Sporenhals nehmen, der möglichst auch noch nach unten zeigt. Der Sporenhals ist immer der Weg, den der Sporen zum Pferdebauch hat. Jeder kann sich bildlich vorstellen, was ein Reiter mit kurzen Beinen und langem Sporenhals ausrichtet. Umgekehrt wird ein Reiter mit langen Beinen und kurzem Sporenhals Mühe haben, überhaupt etwas zu bewirken.

Sporen mit Glöckchen, sogenannte »Jingle Bobs«, sind für deutsche Reiter besonders gewöhnungsbedürftig, um nicht zu sagen »verrückt«. Tatsächlich haben diese Sporen durchaus ihre Berechtigung, nämlich bei sehr phlegmatischen Pferden. Pferde haben nun mal ein feines Gehör und so erreiche ich mit diesem Klingeln ihre Aufmerksamkeit, bevor ich überhaupt die Sporen einsetzen muss. Das ist ja genau das, was ich eigentlich will: nämlich meine Hilfen minimieren. Man kennt das ja: »Ich brauche nur meine Sporen anzuziehen und mein Pferd läuft ganz anders.« Oder: »Ich brauche die Gerte nur in der Hand zu halten, gar nicht zu benutzen, und mein Pferd ist aufmerksam und macht mit.«

Wenn Sie jetzt losziehen und sich Ihre »persönlichen« Sporen kaufen – nehmen Sie sich viel Zeit und lassen Sie sich ausreichend beraten. Berücksichtigen Sie sehr kritisch den Ausbildungsstand Ihres Pferdes und Ihren eigenen! Geben Sie auch den späteren Verwendungszweck an.

Dann hängt alles nur noch von Ihrem Geldbeutel ab: Ganz tolle Sporen haben auch einen tollen Preis! Dieser Preis basiert auf Material und Verarbeitung. Sparen Sie aber nicht am falschen Ende. Gute Sporen sind eine Anschaffung fürs (Reiter-)Leben. Sie sehen schon: Obwohl Sporen sicherlich nicht zu den wichtigsten Ausrüstungsgegenständen am Anfang einer Reiterkarriere gehören, lohnt es sich, mal genauer hinzuschauen.

Zäumungen und Gebisse

Werfen wir mal einen Blick in meine Sattelkammer. Dort sehen wir hauptsächlich die Zäumungen, wie wir sie aus dem Westernreiten kennen: eine einfach gebrochene Wassertrense (= Snaffle), ein gebrochenes Mundstück mit Schenkeln bzw. Anzügen (= Snaffle with Shanks), verschiedene Western-Kandaren, sogenannte Bits, das sind verschiedene nichtgebrochene Mundstücke mit unterschiedlichen Schenkelformen.

Des Weiteren finden wir Bosals in verschiedenen Stärken. Das Bosal ist eine gebisslose Zäumung aus der traditionellen kalifornischen Reitweise. Es besteht aus einem Nasenstück und den weiterführenden Schenkeln, die sich unter dem Pferdekinn zu einem Lederknopf zusammenfinden.
Früher wurde das Bosal aus Rohleder, sogenanntem Rawhide, geflochten, heute gibt es auch Bosals, die aus Lederstreifen gefertigt werden. Ein gutes Bosal hat eine Rohlederseele von 4 bis 10 mm Dicke, um die die Rohhautstreifen kunstvoll geflochten sind. Bosals aus Metall sind im Turniersport verboten und haben auch im Training nichts verloren. Bosals sind aufgrund ihrer aufwendigen Herstellung eine teure Anschaffung.

Das Bosal ist eine gebisslose Zäumung aus der traditionellen kalifornischen Reitweise.

Ebenfalls eine gebisslose Zäumung ist das Sidepull. Dieser Trainingszaum hat ein steifes Nasenband aus dem Material eines Ropes und einen Lederriemen unter dem Kinn. Wie der Name bereits sagt (Sidepull = Seitenzieher) sollte die Einwirkung hauptsächlich seitwärts erfolgen. **Vorsicht:** Bei grober Anwendung kann das Nasenband die Pferdenase wund scheuern. Alles in allem haben sich diese Zäumungen jedoch bewährt, da die Pferde meist sehr gut darauf reagieren.

Die verschiedenen Gebisse

Häufig fragen Reiter nach einem bestimmten neuen Gebiss, das wahre Wunder bewirken soll. Doch ich muss diese Menschen meist enttäuschen. Jedes Gebiss ist so scharf oder so mild wie die Reiterhand, die es benutzt. Und selbst gebisslose Zäumungen haben ihre Tücken und sind nicht immer als tierschutzgerecht anzusehen. Auch wenn jedes Jahr irgendein anderes Gebiss »in« ist: Mit keiner noch so abenteuerlichen Zäumung wird ein Wunder passieren! Kein Gebiss der Welt ersetzt die feine Reiterhand und die angemessene Zeit der Übung!

Mit einem normalen Snaffle kann der Freizeitreiter ein Pferdeleben lang zufrieden sein. Ausnahme – in der Zeit des Zahnwechsels kann ein Gebiss unangenehm werden. Man überbrückt diese Zeit aber gut mit einem Bosal oder Sidepull. Allerdings ist es nicht ratsam, ein Pferd mit einem Bosal anzureiten. Denn dann besteht die Gefahr, dass sich das Pferd im Hals »verwirft«, da der Impuls nach unten-seitwärts erfolgt. Auch besteht beim Bosal die Gefahr, bei unsachgemäßer Anwendung die Pferdenase mit dem Nasenteil wund zu scheuern.

Ein rohes Pferd, das ich zum Anreiten ins Training bekomme, wird die ersten Impulse mit dem Halfter und einem Strick, zuerst vom Boden, dann vom Rücken, aus lernen. Wenn sich die ersten Erfahrungen mit Sattel und Reitergewicht gesetzt haben und mein Jungpferd auf alles gelassen reagiert, bekommt es eine einfache Wassertrense – jedoch zunächst ohne Zügel – ins Maul gelegt. Nach ein paar Tagen der Eingewöhnung werden die Zügel eingesetzt. Mein Training setzt darauf, die jungen Pferde so lange wie möglich in einer natürlichen Aufrichtung und Balance zu reiten, bis sie körperlich und mental so weit sind, an das Gebiss geritten zu werden.

Eine weitere Legende: Ein zweifach gebrochenes Mundstück bringe mehr Ruhe in ein Pferdemaul als ein einfach gebrochenes! Aus Erfahrung kann ich berichten, dass ein zweifach gebrochenes Gebiss zwar manchen Pferden hilft, die Mehrzahl der Pferde läuft allerdings ruhiger mit einem einfach gebrochenem Gebiss. Bei gebrochenen Gebissen wird zwar beidhändig geritten, der Zug darf aber niemals gleichzeitig auf beiden Zügel sein. Der berüchtigte Nussknackereffekt lässt sich ebenfalls durch das richtige Anpassen von Gebiss und Trense vermeiden.

Korrektur von Problempferden

Ein anderes Thema ist die Gebisswahl bei der Korrektur von Problempferden. Häufig wurden diese Pferde ohne Rücksicht auf deren individuelle Reife und Lerntempo angeritten. Sie haben gelernt, sich mit aller Kraft auf das Gebiss zu legen, die Schulter und den Hals steif zu machen, und das Reiterlein hat das Nachsehen.

Manchmal erreiche ich dann mit einem Bosal einen Aha-Effekt. Mein Pferd weiß nicht, wo es sich drauflegen soll, und ich bekomme eine Möglichkeit, mit ihm zu kommunizieren. Allerdings würde dieser Effekt schnell verpuffen, wenn nicht noch ein ganzes Paket an weiteren Maßnahmen dazukäme. Bei jedem Problempferd liegt ja eine ganze Lebens- und Leidensgeschichte davor, und einzig die Wahl einer anderen Zäumung würde sicher keine Wunder bewirken. Das muss ich auch bei den Pferden berücksichtigen, die schon älter sind und die berüchtigten »Hornhäute« auf Gaumen und Maulspalte haben. Bei ganz wenigen Ausnahmen greife ich dann zu einem »Correction Bit« oder »Twisted Wire«, wohl wissend, dass es nur für eine ganz kurze Zeit sein sollte! Mein eigentliches Ziel ist es, die Pferde über ein Korrekturgebiss mit bestimmten Übungen weich und geschmeidig zu reiten, bis sie auch im sanften Gebiss weich und leicht werden.

Das gilt auch für Hilfszügel und andere Korrekturmaßnahmen. Korrektur heißt: Wenn's besser wird, weg damit, denn dann ist keine Korrektur mehr nötig! Leider ist oft das Gegenteil der Fall: Das schärfere Gebiss wird verwendet, bis das Pferd auch damit nicht mehr läuft. Das Pferd wird stumpfer und stumpfer und wandert deshalb von Gebiss zu Gebiss, schärfer und schärfer; ohne Rücksicht darauf zu nehmen, dass der Fehler vielleicht beim Reiter zu suchen wäre.

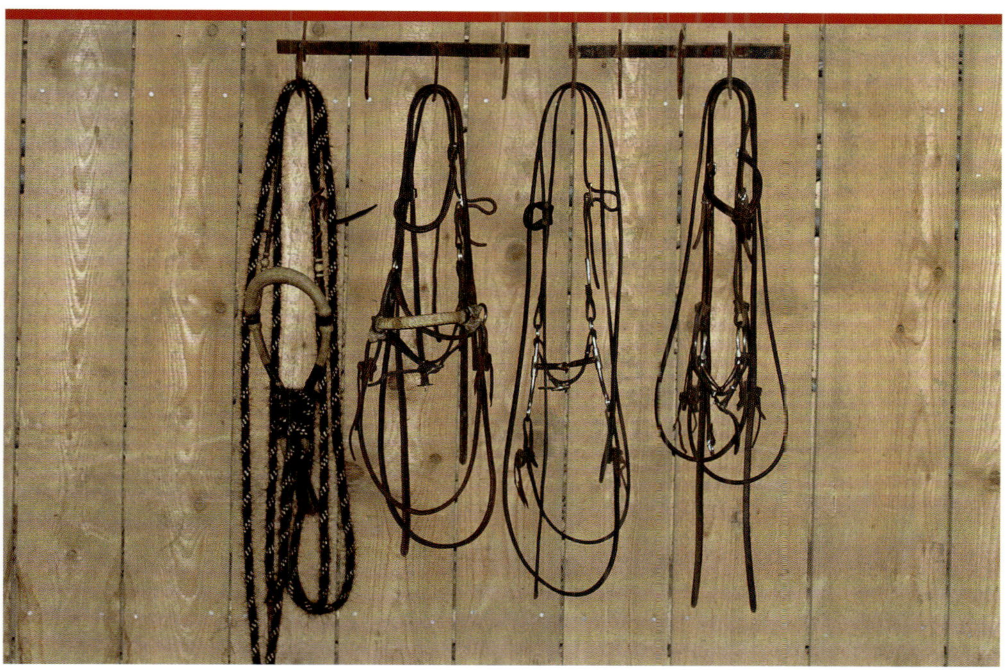

Für jeden Ausbildungsstand bietet der Markt die passende Zäumung.

Die Bodenarbeit

Um mit einem Pferd ernsthaft zu arbeiten, muss zunächst die Rangfolge geklärt sein. Um dieses Ziel zu erreichen, steht vor allem anderen die Bodenarbeit. Sie ist die Basis für jede weiterführende Ausbildung. Wenn dort bereits Probleme auftauchen, werden Sie diese später auch beim Reiten haben.

Was ist weich, was ist leicht?

Ich möchte, dass ein Pferd schon bei der Bodenarbeit weich reagiert. Was meine ich jetzt, wenn ich sage »weich« oder wenn ich sage, ein Pferd ist »leicht«. Ein Pferd hat sehr viel Muskulatur. Es kann sehr schnell sein, es kann seine Muskulatur gegen den Menschen einsetzen oder für den Menschen. Es kann sich elegant wie eine Katze bewegen, wie man das zum Beispiel bei Cutting-Pferden sieht. Richtungswechsel werden scheinbar ohne Mühe vollzogen, obwohl man ein Tier mit 500 oder 600 kg unter sich hat. Leicht heißt also, das Pferd arbeitet mit seiner eigenen Muskulatur für mich. Weich bedeutet, ich muss es nicht mit Gewalt in eine Richtung ziehen oder bringen. Das Pferd stellt mir seinen Körper zur Verfügung, um bestimmte Aufgaben zu erfüllen.

Direktes und indirektes Gefühl

Wie erreiche ich nun, dass ich ein so starkes Tier mit so wenig Aufwand wie möglich unter mir »verschieben« kann? Ich kann mit verschiedenen Arten von Gefühl arbeiten.
Ich habe einmal das **direkte Gefühl**. Das heißt, ich arbeite mit den Zügeln, mit den Schenkeln oder vom Boden aus mit einem Führstrick.
Dann habe ich das **indirekte Gefühl**. Dieses geht in zwei Richtungen: sowohl von mir zum Pferd als auch vom Pferd zu mir zurück. Man kann das sehr schön bei Pferden untereinander beobachten. Beispielsweise bei einer Stute mit ihrem Fohlen. Die Stute galoppiert voraus, das Kleine hinterher. Irgendwann überholt das Fohlen seine Mutter, übernimmt scheinbar die Führung. Dann biegt die Stute ab und das Fohlen biegt ebenfalls ab, obwohl es seine Mutter gar nicht gesehen hat. Die Ohren sind nach vorne gespitzt, es schaut in die Weltgeschichte hinaus und doch geht es in dieselbe Richtung wie die Stute – weil es zu seiner Mutter »zurückfühlt« oder weil die Stute zu ihrem Kind »vorausfühlt«. Warum ich das erzähle? Das Training mit Pferden besteht nicht nur aus dem Erlernen bestimmter Techniken. Ich muss mein Pferd unter mir erfühlen und mein Pferd muss mich ebenfalls fühlen. Nur so kann vertrauensvolle Zusammenarbeit entstehen. Ray Hunt sagt: »Es ist ein Gefühl, das einem Gefühl folgt.«

Wenn ich einen Zügel aufnehme, möchte ich nicht mehr Gewicht in der Hand haben als mein Zügel wiegt. Wir müssen also beides in unser Training einbauen: zum einen Druck aufbauen und darauf warten, dass mein Pferd dem Druck gegenüber nachgibt, zum anderen durch weiche und leichte Impulse mein Pferd weich und leicht erhalten. Da ein Pferd Druck gegenüber sehr leicht abstumpft und dann mit Gegendruck antwortet, muss das Training sehr ausgewogen stattfinden. Wenn mein Pferd schon bei der Bodenarbeit so weich ist, dass ich nur so viel Kraft brauche, dass ich meinen Führstrick bewegen kann, dann heißt das »so viel wie nötig, so wenig wie möglich«! Ich weise mit meinem Führstrick in eine Richtung und mein Pferd folgt diesem Führstrick. Wenn wir so weit sind, werde ich beim Reiten auch wenig Probleme bekommen. Es geht dabei weniger um konkrete Reiterhilfen, sondern darum, dass mein Pferd das Gefühl kennengelernt hat, das ich vermitteln möchte. Deswegen ist diese Art von Arbeit mit dem Pferd auch unabhängig vom Reitstil.

Wenn mein Pferd dieses Gefühl nicht kennengelernt hat, sei es vom Boden oder vom Sattel aus, wird der Reiter immer manuell, also mit direkter Einwirkung, arbeiten müssen. Ich möchte aber irgendwann dahin kommen, dass ich mit einem indirekten Fühlen, mit Körpersprache mein Pferd unter mir bewegen kann. Ich möchte, dass mein Pferd zu mir »zurückfühlt« und mitdenkt. Ehe ich ausgedacht habe, wo ich hin möchte, hat mein Pferd es bereits ausgeführt. Das ist die Quintessenz des »leichten« Reitens.

Leider gibt es viel zu wenig Respekt in unserer Gesellschaft, sowohl unter den Menschen als auch von Mensch zu Tier. Vertrauen ist etwas, das man sich durch Fairness und gegenseitigen Respekt verdient. Der Respekt vor dem Lebewesen Pferd geht leider sehr oft in der Zusammenarbeit verloren. Der Verhaltensforscher wird bei diesen Begriffen die Stirn runzeln, denn ein Pferd kennt diese Wörter nicht. Ein Tier wird immer seinen natürlichen Instinkten folgen. Aber für einen Menschen sollten Fairness und Respekt die Grundlagen für das Vertrauen zwischen Pferd und Reiter sein. Es liegt in der Verantwortung des Reiters, die Eleganz und Ausstrahlung seines Pferdes zu erhalten. Nur ein Pferd, das nicht unterdrückt wird, kann ein selbstsicheres und edles Bild von sich vermitteln.

Weich und leicht sollte das Pferd unter dem Reiter sein.

Von Hierarchien und Körpersprache

Pferde sind sowohl Herdentiere als auch Fluchttiere. Dies hat jeder Pferdebesitzer und jeder angehende Reiter sicher irgendwann einmal gehört oder gelesen. Welche Konsequenzen sich daraus im alltäglichen Umgang ergeben, ist leider nicht allen bewusst. Eine Pferdeherde hat eine Hierarchie, die über Körpersprache, wie z.B. das Spiel der Ohren, aber auch mit massiveren Mitteln geregelt wird. Kommt ein neues Pferd in solch eine Herde, ist das besonders gut zu beobachten. Der Neuling muss sich erst seinen Platz in der bestehenden Rangordnung erobern. Ist er ein starker Charakter, wird das nicht ganz ohne Rangeleien vonstattengehen. Es ist aber zu einfach und zu menschlich gedacht, dass das rangniedrigste Tier ein armer Tropf ist. Man kann oft beobachten, dass solche Pferde durchaus recht clever sind. Indem sie sich freiwillig an das Ende stellen, ist ihnen ein sorgenfreies Leben beschert, denn die ranghöheren Tiere müssen die Verantwortung für die Herde übernehmen, was oft mit einem gehörigen Maß an Stress verbunden ist.

Von Pferden lernen

Ich kann jedem angehenden Pferdebesitzer, aber ebenso solchen Menschen, die schon länger mit Pferden zu tun haben, nur eines empfehlen: Nehmen Sie sich einen Stuhl, setzen Sie sich immer mal wieder an den Rand einer Weide und studieren Sie eine Pferdeherde. Je größer diese Herde ist, umso authentischer wird die Beobachtung. Nehmen Sie sich diese Zeit, Sie werden eine ganze Menge Neues und Spannendes über Ihre vierbeinigen Partner lernen. Ganz spannend wird es, wenn abends eine solche Herde in den heimatlichen Stall geholt wird. Sie werden schnell feststellen, dass es immer dieselbe Reihenfolge ist. Drängelt sich mal einer vor, bekommt er garantiert Probleme, nicht nur mit einem, sondern gleich mit mehreren Kollegen aus der Herde, denn jedes Pferd hat eben seinen angestammten Platz. Der Fluchtinstinkt ist auch bei unserem domestizierten Pferd noch ausreichend vorhanden.

Das heißt für mich, einen solch starken Instinkt kann ich nicht unterdrücken, sondern bestenfalls in eine für alle Seiten angenehme Richtung lenken. Ich muss diesen Instinkt immer wieder gedanklich in die Arbeit einbeziehen.

Mit Bodenarbeit fängt alles an

Um mit einem Pferd ernsthaft zu arbeiten, d.h. es später auch reiten zu können, muss erst einmal sichergestellt werden, dass dieses Pferd mich akzeptiert und die Rangfolge geklärt ist. Um dieses Ziel zu erreichen, steht vor allem anderen die Bodenarbeit. Wenn Sie vom Boden aus nicht mit Ihrem Pferd zurechtkommen, wird es auch im Sattel nicht klappen! Dazu gehört auch eine gehörige Portion Selbstkritik. Wenn eine Übung nicht so funktioniert, wie man es sich vorgestellt hat, ist einer von beiden überfordert. Dann sollte man ein paar Schritte in der Ausbildung zurückgehen und geduldig von vorne anfangen. Jedes Pferd hat sein natürliches Gleichgewicht, mischt sich der Mensch ein, verlieren viele Pferde diese Balance. Die Übungen geben dem Pferd sein Gleichgewicht zurück, ich lehre das Pferd, seine Beine zu

»sortieren«. Außerdem soll es in schwierigen Situationen nicht kopflos davonstürmen, sondern seitwärts treten und auf meine Hilfen warten. Andere Übungen meiner Bodenarbeit erklären dem Pferd die Hilfengebung, wie ich sie später auch aus dem Sattel heraus machen werde.

Im Grunde genommen ist alles, was ich mit dem Führstrick mache, dasselbe, was später der Zügel machen wird. Alles zusammen dient als Vorbereitung zum Einreiten, hat also einen direkten Zusammenhang mit dem Reiten und sollte darum nicht zum Selbstzweck werden.

Für die folgenden Übungen benötigen Sie nur das Knotenhalfter und den Führstrick. Halten Sie sich aber immer vor Augen, dass der Führstrick der spätere Zügel ist. Genauso fein wie ich später durch Zügel mit dem Maul meines Pferdes kommunizieren möchte, genauso fein ist jetzt die Abstimmung mit dem Führstrick vom Boden aus. Jetzt habe ich die einmalige Chance, meinem Pferd ein Gefühl mitzuteilen. Ich kann es lehren, diesem Gefühl zu folgen, ja sogar dieses Gefühl zu suchen. Ich nehme beispielsweise den Führstrick in die Hand, und anstatt daran zu zupfen oder gar zu ziehen, suche ich mir einen Punkt am Boden und fixiere ihn mit den Augen. Ich werfe den Führstrick in einer wellenförmigen Bewegung dorthin. Nach ein paar Versuchen wird mein Pferd ein Bein in diese Richtung setzen – es ist einem Gefühl gefolgt.

Funktioniert die Zusammenarbeit am Boden problemlos, dann wird es auch im Sattel klappen.

Aufhalftern

Ziel der Übung

Ich möchte, dass mein Pferd zu mir kommt und sich in jeder Situation ohne Gegenwehr aufhalftern lässt.

So geht's

Zuerst sortiere ich das Halfter, fasse mit der rechten Hand von oben um den Hals des Pferdes, nehme das Ende des Halfters auf, lege diese Hand ganz leicht zwischen die Ohren und meine linke Hand ganz sanft auf den Nasenrücken. Meine rechte Hand (zwischen den Ohren) übt einen leichten Druck aus.

Reagiert das Pferd mit Gegendruck, fängt die linke Hand (auf dem Nasenrücken) an zu wackeln, während die rechte den Druck nicht verstärkt, sondern gleichbleibend hält. Weicht das Pferd dem Druck nach unten aus, höre ich auf und lobe es ausgiebig.

Weicht das Pferd nach hinten oder zur Seite, lasse ich es gehen, bis es einen ihm angenehmen Platz gefunden hat. Ich verändere meine Handstellung jedoch nicht. Irgendwann wird es ruhig nach unten weichen, und ich lasse das Pferd in das Halfter eintauchen. Jetzt schließe ich das Halfter mit dem auf S. 35 abgebildeten Knoten und lobe natürlich wieder ausgiebig.

Das Pferd sollte selbstständig in das Halfter eintauchen.

Hat das Pferd den Kopf gesenkt, streifen Sie das Halfter über die Nase nach oben.

Vergessen Sie dabei nicht das Atmen, besonders nicht das Ausatmen: Ihr Pferd reagiert auf die Spannung, die durch angehaltenen Atem entsteht.

Experiment für Fortgeschrittene

Um mein Pferd möglichst weich und leicht in seinen Reaktionen zu erhalten, können Sie folgendes Experiment mit einbauen. Stellen Sie sich links neben Ihr Pferd, Blick nach vorne (Fahrtrichtung Pferd), nehmen Sie Ihr Gewicht auf Ihr linkes Bein, wenden Sie Ihren Kopf ab und konzentrieren Sie sich darauf, aus dem Bauch heraus Ihr Pferd zu fragen, ob es den Kopf zu Ihnen wenden will. Nehmen Sie sich Zeit und warten Sie ab. In der Regel wird Ihr Pferd sich nach etwa fünf Minuten zu Ihnen wenden und die Nase in das Halfter stecken. Dieses Experiment soll ve-deutlichen, mit welch geringem Kraftaufwand ich an meinem Pferd arbeiten möchte.

Wichtig

Hat mein Pferd bereits beim Aufhalftern Mühe, sich auf mich und diese Übung zu konzentrieren, sind Geduld und Konsequenz besonders wichtig. Geben Sie sich nicht mit einem »faulen« Kompromiss zufrieden. Erst wenn Ihr Pferd den Kopf senkt, ist es entspannt, und wenn es selbstständig in das Halfter »eintaucht«, hat es verstanden und will mitarbeiten.

Nun führen Sie das Genickstück hinter den Ohren vorbei und schließen das Halfter.

Mit diesem Knoten wird ein ‹notenhalfter korrekt verschlossen.

Führen

Ziel der Übung

Das Pferd soll mir als sein Leittier überallhin folgen, ohne zu bummeln, aber auch ohne mich zu überholen oder gar zu rempeln.

So geht's

Ich gehe mit dem Pferd am relativ langen, losen Führstrick ein paar Schritte und bleibe dann unvermutet stehen. Überholt mich das Pferd, klatsche ich ihm mit dem Führstrick sofort einmal kräftig gegen die Brust. Wahlweise kann ich auch meinen Fuß nehmen, um dem Pferd zu verdeutlichen, dass es zwischen mir – dem Leittier – und ihm eine ausreichende Distanz zu wahren gilt. Es soll lernen, mich zu respektieren. Das ist eine Körpersprache, die jedes Pferd versteht! Bleibt es hinter mir, so lobe ich es. Glauben Sie mir, ein Mensch kann normalerweise niemals so stark ausschlagen, wie es beispielsweise eine Leitstute machen würde, wenn ein Herdenmitglied mal zu vorwitzig ist und die Rangordnung missachtet. Dabei geht es nicht darum, das Pferd zu verletzen, sondern um den Moment der Überraschung.

Wichtig

Beim Führen nicht am Führstrick ziehen, sondern zupfen, gegebenenfalls schnalzen. Sorgen Sie dafür, dass Ihr Pferd von Ihnen weg kann, ohne am zu kurzen Führstrick hängen zu bleiben.

Zwischen diesen beiden stimmt die Kommunikation. Am losen Führstrick folgt das Pferd einem Gefühl.

Aufzirkeln

Ziel der Übung

Das Pferd soll mir aufmerksam nachfolgen und lernen, seine vier Beine zu koordinieren.

So geht's

In dem Moment, wo das Halfter Druck auf den Pferdekopf ausübt, reagieren die meisten Pferde mit Gegendruck. Ich möchte nicht, dass mein Pferd lernt, sich einem Kommando mit seiner Körperkraft zu entziehen. Aus diesem Grund beginne ich eine Seitwärtsbewegung. Sobald das Pferd mit dem Kopf folgt, wird es – um das Gleichgewicht zu halten – mit den Beinen folgen. Die Seitwärtsbewegung leite ich ein, indem ich mich auf die Hinterhand zu bewege und an ihr vorbeilaufe. Sobald das Pferd ein Bein bewegt, lässt der Druck am Führstrick augenblicklich nach. Übung auf beiden Seiten wiederholen. Kleine Pausen nicht vergessen, um dem Pferd Zeit zum Nachdenken zu geben.

Ein weiteres Ziel des Aufzirkelns ist es, dem Pferd einen Zweitakt zu vermitteln, indem man zum Zeitpunkt des Abfußens des hinteren äußeren Beines ein Kommando über den Führstrick an das vordere Bein gibt, welches das Pferd dazu veranlasst, das hintere Außen- und das vordere Innenbein diagonal gleichzeitig zu bewegen (Zweitakt!). Langfristig soll das Pferd auf ein leichtes Kommando am Führstrick hin alle vier Beine bewegen.

Wichtig

Diese Übung ruhig und ausschließlich im Schritt ausführen.

Die Seitwärtsbewegung leite ich ein, indem ich mich auf die Hinterhand zu bewege.

Das Pferd weicht vor mir, tritt unter und sortiert seine Beine.

Rückwärtsrichten

Ziel der Übung

Bei dieser Übung soll ein Pferd ebenfalls im Zweitakt (jeweils das diagonale Beinpaar) rhythmisch auf einer geraden oder sogar auf einer gebogenen Linie nach hinten treten, den Rücken wölben und den Kopf senken. Ich teile das Rückwärtsrichten in verschiedene Phasen auf.

So geht's

In der **ersten Phase** richte ich mich auf, mache eine ruckartige Bewegung nach vorne. Das Pferd wird den Kopf hochnehmen, mich anschauen, die Ohren spitzen und dann einen Schritt rückwärts machen. Daraufhin lobe ich mein Pferd und wiederhole diese Übung. Ich erreiche damit, dass das Pferd rückwärts tritt, und zwar mit der Schulter nach oben.

Ich möchte nicht, dass ein Pferd nach hinten schleicht, sondern dass ein Bein deutlich abfußt, nach hinten tritt und wieder auffußt. Dabei nehme ich zunächst in Kauf, dass der Pferdekopf oben ist.

In der **zweiten Phase** wird das Pferd damit vertraut, den Kopf tief zu halten. Ich leite das Rückwärtsrichten ein, indem ich eine Hand an den Kinnknoten des Halfters lege, mit dem kleinen Finger zum Kinn des Pferdes. Mit einer

Mit einer seitlich waagrechten Wackelbewegung fordere ich das Pferd auf, sich rückwärts zu bewegen.

seitlich waagrechten Wackelbewegung fordere ich das Pferd auf, sich rückwärts zu bewegen. Sobald sich ein Bein vom Boden hebt, höre ich auf zu »wackeln«. Ich lobe mein Pferd und wiederhole diese Übung, bis mein Pferd Bein für Bein rückwärts bewegt. Nun schließe ich den kleinen Finger, wodurch Druck hinter den Ohren, an den Backenknoten, am Nasenrücken und an den Kinnknochen entsteht. Dieser Druck soll das Pferd dazu auffordern, den Kopf zu senken. Sobald das passiert, und ist es nur für eine Sekunde, öffnet sich die Hand, sodass der Druck am Kopf aufhört, und wieder lobe ich mein Pferd.

In der **dritten Phase** kann ich die Muskulatur der Halswirbelsäule bereits in der vertikalen Richtung biegsam machen. Während es beim Rückwärtsgehen den Kopf in die Senkrechte nimmt, die Schulter oben behält, deutlich ab- und auffußt, gymnastiziere ich mein Pferd bereits vom Boden aus!

Wichtig

Nehmen Sie Notiz von jedem kleinen Versuch des Pferdes, den Kopf zu senken oder rückwärts zu treten. Loben Sie das Pferd sofort. Bei dieser Übung zählt wirklich der kleinste Versuch seitens des Pferdes, etwas richtig zu machen! Verlangen Sie anfangs nicht zu viel. Das Rückwärtsgehen gehört nicht unbedingt zum angeborenen Verhalten eines Pferdes, sondern es tritt lieber die »Flucht nach vorne« an.

Optimale Kopfhaltung und Zweitakt beim Rückwärtsrichten.

Rückwärtslenken

Ziel der Übung

Das Pferd soll auch im Rückwärts in eine bestimmte Richtung dirigiert werden können.

So geht's

Ich stehe z. B. links von meinem Pferd, drehe mich um, Blickrichtung entgegen der »Fahrtrichtung« des Pferdes. Meine linke Hand beginnt zu wackeln und richtet das Pferd rückwärts. Wenn nun das rechte Vorderbein des Pferdes abfußt, bewege ich meine Hand nach links und drücke das Pferdebein weg von mir. Das hintere, gegenüberliegende Bein wird sich bei einem Zweitakt ebenfalls vom Boden abheben und nach rechts bewegen. Mein Pferd wird sich auf diese Weise ausbalancieren und lenken.

Wichtig

Natürlich gibt es Pferde, die schon von Natur aus »schwer« in der Schulter sind, die zwar weich auf das Kommando zum Rückwärtsrichten reagieren, die aber in der Vorhand nicht »leicht« sind. Da braucht es viel Zeit und Geduld, um zu einem zufriedenstellenden Ergebnis zu kommen. Es gibt allerdings einen kleinen »Trick«, um das Pferd zu animieren, die Schulter nach oben zu nehmen: Ich klopfe leicht mit dem Ende meines Führstrickes auf den Widerrist. Richtet sich das Pferd auf, erfolgt das Kommando zum Rückwärtsgehen.

Zu Beginn der Übung stehe ich mit Blickrichtung zum Pferd.

Nun beginnt meine linke Hand zu wackeln und richtet das Pferd rückwärts.

Sobald das rechte Vorderbein des Pferdes abfußt, bewege ich meine Hand nach links.

Koordination der Beine

Ziel der Übung

Das Pferd lernt, mit Hinter- und Vorderhand zu weichen, Abstand zum Menschen zu halten und Zügelhilfen zu befolgen (Vorbereitung auf das spätere Reiten).

Das Pferd mithilfe von Körpersprache führen

Ich schicke das Pferd an einem 3 m langen Strick in einem kleinen Kreis um mich herum. Dabei ist meine Körperhaltung wichtig. Sie soll Energie ausstrahlen und mein Pferd zum Vorwärtgehen motivieren.

Ein kleiner Tipp: Atmen Sie tief durch, richten Sie sich auf, aber bleiben Sie locker und entspannt. Wenn Sie im Round-Pen oder in einer Reithalle stehen und müde bzw. wenig motiviert sind, erwarten Sie von Ihrem Pferd auch keine Wunder. Sind Sie dagegen voller Tatendrang und Energie, wird Ihr Pferd sicher bald genauso motiviert sein.

Das Pferd soll seine Zirkellinie halten, ohne an meiner Hand zu ziehen oder auf mich zuzu-

Der Führstrick hängt durch, das Pferd zieht nicht an meiner Hand.

kommen, um mich zu rempeln. Ich habe eine führende und eine treibende Hand. Die führende Hand ist mit dem kleinen Finger zum Pferd gerichtet und hält den Führstrick. Die treibende Hand hält das Ende des Führstricks. Die führende Hand weist dem Pferd den Weg,

Wichtig

Viele Pferde werden versuchen, sich durch Überaktivität dieser anstrengenden Sache zu entziehen. Darum geduldig das Pferd in den Schritt zurückführen und die Übung von vorne anfangen.

während die treibende Hand durch Schwingen des Führstricks das Pferd in Bewegung hält (Pferd steht oder wird langsamer = Führstrick schwingt; Pferd bewegt sich = Ende vom Führstrick hängt durch!). Bei Bedarf kann ich mit dem Führstrickende dem Pferd auch einen Klaps auf die Kruppe geben – denken Sie daran, Sie sind das Leittier und es gibt eine gewisse Distanz zwischen Ihnen und Ihrem Herdenmitglied!

Während mein Pferd sich vorwärts bewegt, sorgt die führende Hand dafür,

- dass mein Pferd sich nicht zu weit von mir weg bewegt (Pferd zieht am Halfter, führende Hand zupft),

Das Pferd belastet das innere Vorderbein um die Hinterhand nach außen positionieren zu können.

- mein Pferd mich nicht mit der Vorderhand bzw. der Schulter aus dem Weg schiebt. Sollte das doch mal passieren, hebt sich die führende Hand und bewegt sich in Richtung Pferdeauge, um das Pferd zum Weichen zu veranlassen. Dies wird so lange wiederholt, bis das Pferd in einem sauberen Zirkel um mich herumgeht.

Die Anforderungen steigern

Wenn mein Pferd ruhig und aufmerksam ist und zum Beispiel rechts herum konstant auf der Zirkellinie bleibt, dann kann ich zur nächsten Stufe übergehen.

Wendungen

Ist das Pferd einen Halbkreis um mich herumgegangen, greife ich mit den Händen um und zupfe nun mit der linken Hand (= neuer direkter »Zügel«) nach links oben, um dem Pferd dadurch die neue Richtung zu zeigen, es also abwenden zu lassen. Nach oben deshalb, weil ich mein Pferd mit dem »inneren Zügel« dazu veranlassen möchte, das vordere innere Bein zu blockieren.

Als Nächstes wird es seine Hinterhand nach außen bewegen und im optimalen Fall sollen sich die Hinterbeine überkreuzen. Dann treibe ich mit dem Strickende in der rechten Hand. Jetzt geht das Pferd mit der Schulter nach

Das rechte Hinterbein nimmt Gewicht auf und entlastet die Schulter, die Vorderbeine setzen zum Überkreuzen an.

außen, im Idealfall die Vorderbeine überkreuzend, links um mich herum. Ich lasse das Pferd einen Halbkreis gehen und wiederhole dann die Übung zur anderen Seite hin.

Drückt das Pferd mit der Schulter auf mich zu, bewege ich mich energisch einen Schritt vorwärts auf den Kopf des Pferdes zu, hebe meine Hand Richtung Auge und schiebe das Pferd gewissermaßen von mir weg.

Mit der Vor- bzw. Hinterhand weichen

Aufbauend auf diese Übung, kann ich das Pferd lehren, mit der Vorder- bzw. der Hinterhand zu weichen.

Die Hinterhand weichen lassen

Dazu lasse ich das Pferd wieder links um mich herumgehen. Ich greife um, schicke das Pferd diesmal nicht in die andere Richtung, sondern gehe in dieser Haltung auf die Hinterhand des Pferdes zu – also in unserem Beispiel auf die linke Seite des Pferdes. Daraufhin sollte das Pferd mit der Hinterhand weichen. Sollte das Pferd nicht (sofort) reagieren, kann ich zur Verstärkung am Führstrick zupfen, und zwar nach oben. Meine Hand befindet sich beim Zupfen in etwa an der Stelle, an der auch später meine Zügelhand sein wird. Neben der unterstützenden Wirkung am Boden kann ich das Pferd auf diese Weise auch auf die spätere Zügelhilfe vorbereiten.

Die Richtungsänderung ist vollzogen. Die treibende (rechte) Hand sorgt für die Vorwärtsbewegung. Die linke Hand weist dem Pferd die Richtung.

Wichtig

- Achten Sie auf die eigene Körperstellung. Sie sollte leicht schräg zum Pferd vorne sein, damit es auch zur Seite weichen kann.
- Vermeiden Sie es, rückwärts zu laufen, damit signalisieren Sie dem Pferd eine niedrigere Rangfolge. Verlangen Sie von Ihrem Pferd, dass es Ihnen weicht!
- Durch entsprechende Bewegungen kann ich das »Leben« in meinem Pferd aktivieren oder deaktivieren. Sie erkennen an der Reaktion des Pferdes, wie viel Energie – oder Druck – Sie benötigen. Hektische Bewegungen machen ein sensibles Pferd ebenfalls hektisch, zu wenig Energie lässt ein phlegmatisches Pferd teilnahmslos werden. Ich versuche, meine Energie entweder hinter meinem Pferd zum Treiben oder vor meinem Pferd zum Wenden zu »bündeln«. Man muss jedoch aufpassen, dass man dem Pferd nicht im Weg steht. Erlauben Sie Ihrem Pferd auch, seine Beine schnell zu bewegen, z. B. durch einen Satz. Lassen Sie den Führstrick immer ausreichend lang.

Das Pferd setzt an mit dem linken Hinterbein unterzutreten.

Die Vorhand weichen lassen

Ist das Pferd mit der Hinterhand gewichen, gehe ich zum Weichen der Vorhand über. Hierfür bewege ich meine direkte Hand unter dem Kopf des Pferdes durch, ziele mit der flachen Hand Richtung Auge (nicht in das Auge!), und veranlasse es somit, mit der Vorderhand zu weichen. Die Hinterhand sollte möglichst stehen bleiben.

Versucht das Pferd, sich der Hilfe zu widersetzen, indem es zum Beispiel nach vorne wegspringt, kann ich mit der indirekten Hand (in unserem Beispiel die rechte) kurz am Führstrick knapp unter dem Halfter zupfen.

Druck erzeugt Gegendruck

Auch hier müssen wir zwei Dinge in das Training mit einbauen: zum einen Druck aufbauen und darauf warten, dass das Pferd dem Druck gegenüber nachgibt. Zum anderen erhalten wir unser Pferd durch leichte und weiche Impulse genauso »weich« und »leicht«.

Man könnte fast sagen, das Pferd ist mein »Spiegelbild«. In der Art und Weise, wie ich die »Fragen« stelle, so wird mein Pferd mir »antworten«. Ein Pferd stumpft einem Druck gegenüber schnell ab, es baut im ungünstigsten Fall massiven Gegendruck auf. Darum müssen wir jedes Training ausgewogen gestalten.

Das Pferd nimmt Gewicht auf die Hinterhand, um mit der Vorderhand weichen zu können.

Sanftes Aussacken

Ziel der Übung

Das Pferd wird durch Berührung und Gewöhnung gegenüber verschiedenen Gegenständen und Geräuschen unempfindlicher gemacht.

So geht's

Für diese Übung habe ich mein Pferd am Halfter und nehme den »Furcht einflößenden« Gegenstand, z. B. eine Plastikplane, in die Hand. Dann berühre ich das Pferd damit am ganzen Körper. Die eine Hand lobt, während die andere Hand am Pferd arbeitet. Das Pferd ist ein Fluchttier. Es merkt aber bald, dass es nicht fliehen muss, weil es nicht festgehalten wird. Bewegt sich mein Pferd von der Plane weg, darf es das, aber ich bewege mich mit. So lernt das Pferd, das es dem »Ding« nicht entkommen kann, aber auch, dass dieses »Ding« ihm nichts Böses will. Zuletzt berühre ich das Pferd an seinen empfindlichen Stellen bzw. an Stellen, die das Pferd nicht sehen kann, wie die Ohren, die Brust, unter dem Bauch, am Schlauch bzw. am Euter. Ich wiederhole die Übung so lange, bis das Pferd ruhig stehen bleibt und ich es überall mit der Plane berühren kann. Diese Übung kann ich mit jedem anderen Gegenstand probieren. Auf dieselbe Art und Weise gewöhne ich das Pferd auch an ungewöhnliche Geräusche (z. B. Schermaschinen).

Nach etwas Training lässt sich das Pferd damit sogar am Kopf ohne Probleme berühren.

Anforderungen langsam steigern

Natürlich ist es auch bei dieser Übung wichtig, die richtige Dosierung für jedes Pferd anzuwenden. Einerseits muss ich eine gewisse Beherztheit und Konsequenz anwenden, andererseits muss ich sicher sein, das Pferd nicht zu überfordern. Beobachten Sie genau die Ohren und die Augen Ihres Pferdes. Erst wenn Plastikplane und andere schreckliche Dinge keine »Gefahr« mehr darstellen, kann ich mit der nächsten Übung weitermachen. Manche Pferde brauchen viele Wochen, um ausreichend vorbereitet zu sein. Bei besonders sensiblen Pferden gehe ich am Anfang jeder Trainingseinheit alle vorherigen Übungen der Bodenarbeit durch.

Wichtig

Insbesondere bei dieser Übung ist Sicherheit das oberste Gebot. Um meine Hände frei zu haben, stecke ich das Ende des Führstricks in die hintere Hosentasche. Den restlichen Strick hänge ich über meinen Unterarm. Keinesfalls binde ich ein Pferd an. Ich vergleiche dieses Gefühl mit dem Unwohlsein, das manche Menschen in einem Aufzug oder einem kleinen Raum befällt. Solange die Tür auf ist, d. h. der Fluchtweg offen ist, kann ich dieses Gefühl auf ein Minimum beschränken. Sobald die Türe zugemacht wird, bevor in der neuen Situation Vertrauen entstanden ist, kann Panik ausbrechen. Also lasse ich die Türe auf, bis mein Pferd genau dieses Vertrauen in die Sache bekommen hat.

So lernt das Pferd, sich auf verschiedenen Untergründen sicher zu bewegen.

Berühren Sie das Pferd mit der Plane am ganzen Körper.

»Profis« lassen sich auch unter der Plane nicht mehr beunruhigen.

Gewöhnung an Pad, Gurt & Sattel

Ziel der Übung

Es ist wichtig, dass das Pferd mit dieser neuen Situation nicht überfordert wird, sondern sich möglichst unkompliziert an das neue »Ding« auf seinem Rücken gewöhnt. Denn negative Erfahrungen in dieser Anfangsphase sollten unbedingt vermieden werden.

Die Anfänge

Durch unsere Vorarbeit, insbesondere das Aussacken, ist das Pferd gegenüber vielen Dingen des Alltags desensibilisiert worden. Keinesfalls soll das Pferd dabei teilnahmslos oder gar abgestumpft werden. Ich möchte ihm lediglich die Angst vor Neuem nehmen, denn Angst oder Stress sind keine guten Lehrmeister. Sobald ich das Gefühl habe, dass mein vierbeiniger Schüler innerlich entspannt und gelöst ist, beginne ich mit dem eigentlichen Aufsatteln.

So geht's

Wieder stecke ich das Ende meines Führstricks in die hintere Hosentasche. Um das Pferd auf den Sattelgurt vorzubereiten, nehme ich nun mein

Das Rope simuliert den Sattelgurt. Durch leichten Zug kann ich das Festzurren des Gurtes imitieren.

Rope (oder sonst einen langen Strick), lege es um Rücken und Bauch (= Gurtlage) und ziehe leicht daran. Dadurch kann ich ein Festzurren des Sattelgurts simulieren. Bewegt sich mein Pferd vorwärts, halte ich das Rope auf Spannung, bis das Pferd steht. Ich wiederhole die Übung, bis das Pferd den »Gurt« akzeptiert. Ich kann diese Übung auch am hinteren Teil des Bauches wiederholen für den Fall des hinteren Bauchgurtes, allerdings mit mehr Vorsicht, da viele Pferde an den Flanken sehr empfindlich sind.

Schritt 2

Jetzt lege ich das Rope beiseite und beginne die Übungen mit dem Pad. Ich lege es auf den Rücken des Pferdes, aber auch auf seinen Hals, die Kruppe und alle anderen Körperstellen. Dies wiederhole ich bis mein Pferd ruhig steht und es akzeptiert. Habe ich dieses Stadium erreicht, kann ich zum nächsten Schritt übergehen (siehe Übung S. 52).

Wichtig

Bei allen Übungen versuche ich, so natürlich wie möglich vorzugehen, d.h., ich vermeide keine Geräusche. Ich klopfe zum Beispiel öfter auf das Pad, um das Pferd an Lärm auf seinem Rücken zu gewöhnen. Denn auch in seinem späteren Leben als Reitpferd wird das Pferd mit verschiedenen Geräuschen konfrontiert werden.

Vor dem ersten Satteln gewöhne ich das Pferd auch an das Pad auf seinem Rücken.

Das erste Aufsatteln

Ziel der Übung

Das Satteln soll vom Pferd akzeptiert werden. Bei der freien Bewegung im Round-Pen sollten die Schritt-, Trab- und Galoppübergänge auch mit Sattel weich und ohne Hektik stattfinden.

So geht's

Ich klemme mir den Sattel unter den Arm und lege ihn mit sanftem Schwung auf den Pferderücken. Stellen Sie sich vor, Sie setzen sich einen Hut auf den Kopf! Wieder klopfe ich auf den Sattel, wackle mit den Steigbügeln, um das Pferd an Geräusche zu gewöhnen. Dann lege ich den Sattelgurt an und ziehe, bis ich leicht Kontakt mit dem Pferdekörper habe. Ich beobachte die Flanken meines Pferdes. Atmet das Pferd aus, ziehe ich den Gurt sanft an, atmet das Pferd ein, verharre ich. Diese Technik gibt mir die Möglichkeit, einem Gurtzwang vorzubeugen.

Nach und nach ziehe ich den Gurt fester, um ein Verrutschen des Sattels zu verhindern. Aus Sicherheitsgründen nehme ich das Halfter ab.

Dieses Pferd lässt sich von dem Pad auf seinem Rücken nicht mehr aus der Ruhe bringen.

Jetzt entferne ich mich von dem Pferd, achte aber darauf, dass es mir nicht folgt.

Wann das Pferd den ersten Schritt macht, bleibt ihm überlassen. Die meisten Pferde werden langsam losgehen, antraben, den Rücken festmachen, den Kopf absenken und losbocken. Um es daran zu hindern, treibe ich es vorwärts. Meistens beruhigen sich die Pferde dann nach kurzer Zeit und gehen in einen Galopp über.

Jedes Pferd ist anders

Trotzdem berücksichtigen Sie, jedes Pferd ist in Temperament und Charakter unterschiedlich. Ein Pferd mit durchschnittlichem Gemüt wird sich relativ schnell beruhigen.

So geht's weiter

Ist die erste Aufregung vorbei, arbeite ich in allen drei Grundgangarten mit dem Sattel auf dem Rücken. Wird das Pferd nach einiger Zeit in den Übergängen weich, ist das ein Zeichen für seine Entspannung. Sie haben alles richtig gemacht.

Wichtig

Lernen Sie, Ihr Pferd zu »lesen«, kleine Zeichen zu berücksichtigen und Situationen einzuschätzen, um Eskalationen zu vermeiden.

Mit sanftem Schwung lege ich den Sattel auf den Pferderücken.

Auftrensen

Ziel der Übung

Wie beim Aufhalftern möchte ich, dass mein Pferd zur Trense kommt und nicht umgekehrt.

Gewöhnung ist wichtig

Nehmen Sie doch mal einen Löffel, führen diesen in Ihren Mund und schlagen damit gegen die Zähne. Das ist ausgesprochen unangenehm! Um das Pferd auf ein Stück Metall im Maul vorzubereiten, beginne ich zunächst, meinen Daumen in das Pferdemaul zu schieben; natürlich an der Stelle, an der sich keine Zähne befinden. Das Pferd wird versuchen, den Daumen mit der Zunge herauszudrücken. **Vorsicht:** Manche Pferde saugen den Daumen nach oben in Richtung Backenzähne.

Ich warte ab, bis das Pferd den Daumen im Maul akzeptiert. Dann nehme ich ihn heraus und beginne von vorne. Ich wiederhole diese Übung, bis das Pferd das Maul geschlossen hält.
Nun können wir einen Schritt weitergehen, indem ich statt des Daumens einen Führstrick ins Pferdemaul schiebe. Dazu lege ich den Strick hinter die Ohren, bilde damit eine Schlaufe um den Kopf und kann dann ein Stück des Strickes ins Maul schieben. Sollte das Pferd den Kopf hochnehmen, kann ich durch sanftes Festhalten der beiden Strickenden das Stück im Pferdemaul fixieren. Ich übe so lange, bis das Pferd den Strick festsaugt und eine gewisse Gewöhnung an den neuen Gegenstand im Maul eingetreten ist.

Das eigentliche Auftrensen

Bevor die Trense ins Pferdemaul kommt, müssen Länge und Passform des Kopfstückes richtig eingeschätzt werden. Ansonsten könnte ich in die Verlegenheit geraten, die Trense auf halbem Weg wieder abnehmen zu müssen, um sie richtig einzustellen.

Mit der rechten Hand halte ich das Kopfstück über den Ohren fest, während meine linke Hand das Gebiss an das Pferdemaul bringt. Der linke Daumen veranlasst mit Druck auf die Kinnlade das Pferd dazu, das Maul zu öffnen. Beim Einlegen des Gebisses ist zu beachten, dass das Metall nicht an die Zähne schlägt. Nun kann ich mit meiner rechten Hand das Kopfstück hochziehen und mit der linken Hand die Ohren vorsichtig durchziehen.

Übrigens: Als Vorübung empfiehlt es sich, an den Pferdeohren zu spielen, bis Ihr Pferd daran gewöhnt ist. Als weitere Gewöhnung an das Mundstück kann ich das Pferd aufgetrenst unter Aufsicht Heu oder Kraftfutter fressen lassen. Die Trense sollte dabei aber aus Sicherheitsgründen keine Zügel haben.

Wichtig

Ich achte darauf, dass das Gebiss die Pferdezähne möglichst nicht berührt. Wenn man das Kopfstück überstreift, dürfen die Ohren nicht geknickt werden.

Der linke Daumen veranlasst das Pferd durch Druck auf die Kinnlade, das Maul zu öffnen.

Die rechte Hand hält das Kopfstück, während die linke Hand das Gebiss an das Pferdemaul bringt.

Nun das Kopfstück hochziehen und vorsichtig die Ohren durchziehen.

Als Vorübung sollte das Pferd zunächst an Berührungen der Ohren gewöhnt werden.

Ein »linkes« und ein »rechtes« Bild der Welt

Beim Fluchttier Pferd sind die Augen seitlich am Kopf angebracht. Damit hat das Tier fast eine Rundumsicht. Mit einem Auge erkennt das Pferd ein Raubtier oder eine andere mögliche Gefahr und mit dem anderen Auge wird es bereits nach einem Fluchtweg Ausschau halten. Auch die Ohren können in jede Richtung gedreht werden – und zwar unabhängig voneinander –, um jedes noch so kleine Geräusch wahrnehmen und entsprechend reagieren zu können. Die Pferde haben also ein rechtes und ein linkes Bild von der Welt.

Ich beeinflusse das Pferd mit dem Fähnchen so, dass es parallel an den Zaun herantritt.

Bedeutung für das Training

Dieses Grundwissen über die Sinneswahrnehmungen unserer Pferde ist für das Training von großer Bedeutung. Arbeite ich beispielsweise mit einer Plastikplane oder einem anderen »schrecklichen« Ding von rechts und würde mein Pferd daran hindern, nach links auszuweichen, werde ich kein Vertrauen aufbauen können.

Es macht mir nichts aus, wenn es sich hin und her bewegt, vielleicht sogar »tänzelt«. Irgendwann hat es die Stelle gefunden, an der es sich wohlfühlt. Es kann sich dann wohlfühlen, wenn es die Plastikplane auf einem Auge einschätzen kann und auf dem anderen Auge seinen Fluchtweg sieht.

Damit sich das Pferd das »schreckliche« Ding auch auf beiden Seiten einprägen kann, arbeite ich einmal von links und einmal von rechts. Genauso wichtig ist es, an verschiedenen Stellen des Round-Pens oder eines anderen eingezäunten Platzes zu arbeiten. Arbeite ich beispielsweise immer an einem roten Pfosten, wird sich das Pferd dort bald wohlfühlen. Kommt jemand über Nacht und streicht diesen

Pfosten grün an, hat sich die Situation am nächsten Tag geändert, und es braucht wieder eine gewisse Zeit, bis sich das Pferd auch am grünen Pfosten wohlfühlt. Pferde orientieren sich eher an Plätzen, an denen sie sich einmal wohlgefühlt haben, als an einem Menschen, der ihnen Sicherheit vermitteln will.

Die Stellung der Ohren gibt ebenfalls Auskunft über die Gemütsverfassung. Sind beide Ohren »gespitzt«, ist das Pferd konzentriert bei der Sache. Kippt ein Ohr jedoch ab, hat es entweder ein neues Geräusch geortet oder es versucht dadurch, einen Fluchtweg zu erkunden. Kommen noch andere Angstsymptome dazu, kann ich davon ausgehen, dass im nächsten Moment ein Fluchtversuch erfolgen wird. Der Mensch sollte auf so einen Satz oder Sprung immer vorbereitet sein, um sofort beruhigend einzuwirken. Er muss als »Leittier« signalisieren, dass alles in Ordnung ist, jedoch nicht durch ruhiges Zureden, sondern durch sicheres Auftreten und Ignorieren von möglichen Gefahrenquellen. Würde der Mensch jetzt auch noch erschrecken und zur Seite springen, könnte die Situation eskalieren.

Unsere Bodenarbeit dient also dazu, dem Pferd jegliche Gelegenheit zu geben, sich uns und andere Dinge sowie die dazugehörigen Geräusche von links und rechts einzuprägen.

Der Reiter aus Sicht des Pferdes

Dann kommt auf einmal der Tag, an dem der Mensch auf dem Pferd sitzt. Für das Tier eine völlig neue Situation. Nicht nur das Gewicht auf dem Rücken irritiert, sondern es bekommt auf einmal zwei völlig neue Bilder: Es sieht den Reiter einmal mit dem einen Auge, beim Drehen des Kopfes dann mit dem anderen.

Abwehrreaktionen vermeiden

Dieses neue »Weltbild« ist ein häufiger Grund für das Bocken, denn dem Pferd wurde vielleicht noch zu wenig Zeit gelassen, sich diese neuen Bilder einzuprägen und zu einem Ganzen zusammenzufügen. Sehr häufig kann man das bei unerfahrenen Pferden beobachten. Das Tier dreht den Kopf nach links, nach rechts, wird hektisch,

Das Ohrenspiel zeigt, dass das Pferd Bewegungen auf beiden Seiten wahrnimmt.

es senkt den Kopf, schüttelt ihn und fängt an zu bocken. Sein Bild von der Welt stimmt nicht mehr und es antwortet mit Panik und Flucht.

Dieser Situation kann ich vorbeugen, indem ich auf einen Zaun steige und dafür sorge, dass mein Pferd an mich herantritt. Wichtig dabei ist, dass das Pferd mich mit beiden Augen sieht. Steht es mit der linken Seite zu mir, klopfe ich es rechts mit dem Fähnchenstock ab. Dabei kann es schon mal passieren, dass es Angst bekommt und davonläuft. In einem eingezäunten Platz kann ich es schnell wieder einfangen und beginne von vorne. Es bekommt alle Zeit der Welt, sich die neuen Bilder einzuprägen. Dann hole ich es mir von rechts und verfahre dort genauso.

Ein Blick in die USA

In Amerika werden viele Roping-Pferde nach folgender Methode ausgebildet: An einem Lasso werden Plastiksäcke befestigt, die mit ein paar Steinen gefüllt sind. Auf dem Zaun sitzend, wirft der Cowboy das Lasso mit dem Sack daran über den Sattel auf den Reitplatz und zieht es langsam heran. Irgendwann hat ein Pferd alle Bilder gespeichert, es sieht Bewegungen auf jeder Seite und lernt, dass ihm kein Schaden zugefügt wird. Dann kann man mit dem nächsten Schritt weitermachen.

Erstaunlicherweise haben auch viele ältere, bereits gerittene Pferde dieses Problem. Ein bekanntes Beispiel ist dabei der Regenmantel, der vielleicht noch von einer Seite akzeptiert wird,

Akzeptiert das Pferd Bewegungen und Berührungen auf beiden Seiten, kann zum nächsten Schritt übergegangen werden: dem Auswerfen und Heranziehen eines Gegenstandes.

auf der anderen Seite des Pferdes hingegen löst er entsprechende Panik aus. Daran erkennt man die Wichtigkeit dieser Übung. Erst wenn ich vom Boden aus mein Pferd ausreichend auf diese »schrecklichen« Dinge vorbereitet habe, kann ich auch im Sattel etwas verlangen.

Das Raubtier Mensch

Ein anderer Aspekt wird dabei leicht vergessen: Mit unserem Aussehen, d.h. angelegten Ohren, parallel angebrachten, nach vorn gerichteten Augen und evtl. gebückter Haltung entsprechen wir ganz dem Schema eines Raubtieres. Wir verlangen von unseren Pferden also Teamwork mit einem »Raubtier«. Habe ich mein Pferd nicht ausreichend vom Boden aus auf diese Zusammenarbeit vorbereitet, dann ist das Bocken nichts anderes als der Versuch, einen ungeliebten Angreifer abzuschütteln. Das kann noch dadurch verstärkt werden, wenn der Reiter versucht, sich beim Bocken am Hals festzuhalten, um dann doch mit einem Schreckensruf links oder rechts am Pferdeauge vorbei auf dem Boden aufzuschlagen. Wenn da nicht sämtliche Instinkte in dem Fluchttier Pferd wach werden!

Ursachenforschung

Es gibt sicherlich noch andere Gründe für ein Bocken des Pferdes. Dazu gehören vielleicht der nicht passende Sattel oder eine ganze Reihe von Rückenproblemen, die unter Umständen von einem Tierarzt abgeklärt werden müssen. Nach meiner Erfahrung stellen diese Pferde aber den kleineren Teil der Bocker dar. Häufiger ist die Ursache in der visuellen Wahrnehmung unserer Pferde zu suchen. Manche Pferde werden auch zur Einseitigkeit erzogen, indem alle Tätigkeiten von der linken Seite her erfolgen. Viele Reiter lernen, ihr Pferd immer von links aufzuhalftern, von links aufzutrensen und dann steigen sie auch noch von links auf!

Wenn ich bei einem Pferd feststelle, dass es von der rechten Seite her extrem scheu reagiert, dann baue ich das Halfter um, und sattle die nächste Zeit immer von rechts. Meine Strickhalfter und sogar das Gurtsystem am Sattel sind so ausgelegt, dass ich sie sowohl von links als auch von rechts benutzen kann. Das Halfter muss ich quasi nur umstülpen. Auf diese Art und Weise gewöhne ich dem Pferd an, dass dieselben Tätigkeiten von links und rechts möglich sind und nichts Schreckliches passiert.

Das Pferd akzeptiert die Bewegung auf beiden Seiten in einer gesteigerten Form.

»Schieben« und »Ziehen« am Auge des Pferdes

Ziel der Übung

Ich möchte mein Pferd durch einen Positionswechsel zu mir kommen lassen bzw. es von mir wegschicken können.

So geht's

Ich möchte in der Lage sein, an einem Auge meines Pferdes entweder zu schieben oder zu ziehen. Was bedeutet das? Es bedeutet, dass mein Pferd auf ein Zeichen von mir, auf die veränderte Position meines Körpers hin reagiert.

Ich beanspruche Platz hinter meinem Pferd.

Genauso funktioniert es auch in einer Pferdeherde. Jedes Pferd hat einen bestimmten Radius um sich herum, der von anderen nicht so ohne Weiteres verletzt werden darf. Positioniert sich das ranghöchste Pferd in einer Herde, das heißt, beansprucht es einen bestimmten Platz auf der Weide, dann weicht das rangniedere Pferd, um nicht in territoriale Konflikte zu geraten. Diese natürliche Gesetzmäßigkeit mache ich mir zunutze. Ich kann mein Pferd zum Beispiel vorwärts schicken, indem ich indirekten Druck auf die Hinterhand ausübe, also den Platz hinter meinem Pferd für mich in Anspruch nehme.

Bewegung bedeutet Fortschritt

Keinen Sinn macht es, wenn ich das Pferd scheuche, bis es keine Luft mehr hat, und es deshalb zu mir in die Mitte des Round-Pens kommt. Bedauerlicherweise ist das für viele Pferdetrainer zum Mittelpunkt ihrer Arbeit geworden. Ich lege allergrößten Wert darauf, dass sich das Pferd leicht vorwärts schicken lässt, ohne viel Treiben, ohne Hektik und Nervosität. Nur in der Bewegung sind auch Fortschritte im Lernen und in der Kommunikation möglich!

Sinn und Zweck dieser ersten Übung im Round-Pen ist es, dass sich mein Pferd auf mein Zeichen hin vorwärts bewegt und erst bei Aufforderung zu mir zurückkommt. Es ist ein

Wie an einem unsichtbaren Führstrick ziehe ich das Pferd von der Wand weg.

Durch »Drücken« am Auge schicke ich das Pferd auf den Hufschlag hinaus.

Riesenunterschied, ob das Pferd von sich aus umdreht und zu dem Menschen hinläuft oder ob mein Pferd zuhört und auf mich wartet, bis es nach innen kommen darf.

Mit dem Pferd »sprechen«

Während mein Pferd also am Zaun entlangläuft, signalisiert mir sein inneres Ohr, ob seine Aufmerksamkeit bei mir ist und es darauf wartet, hereinkommen zu dürfen. Dann drehe ich mich einfach weg von meinem Pferd und gehe. Ich signalisiere mit meiner Körperhaltung, dass es zu mir kommen kann. Das Pferd wird zu mir schauen, sich vom Zaun abwenden und in meine Richtung gehen. Es kann aber durchaus passieren, dass ein Pferd nicht mit mir »sprechen« möchte. Insbesondere bei Problempferden, die schon ein enormes Maß an Misstrauen gegenüber dem Menschen aufgebaut haben, wird diese Kommunikation nicht so ohne Weiteres möglich sein.

Was ich auf keinen Fall möchte, ist ein Pferd so lange am Zaun entlangzuschicken, bis es ermüdet ist und gewissermaßen aufgibt. Stattdessen benutze ich das Rope wie einen verlängerten Arm, ähnlich der Wirkung des Führstricks bei der Bodenarbeit.

Hat mein Pferd mich angeschaut und ist nach innen gekommen, schicke ich es in die andere Richtung wieder weg. Von den vorbereitenden Übungen aus der Bodenarbeit heraus kennt mein Pferd bereits verschiedene Hilfen. Es kennt zum Beispiel die führende und die treibende Hand. Habe ich also mein Pferd mit

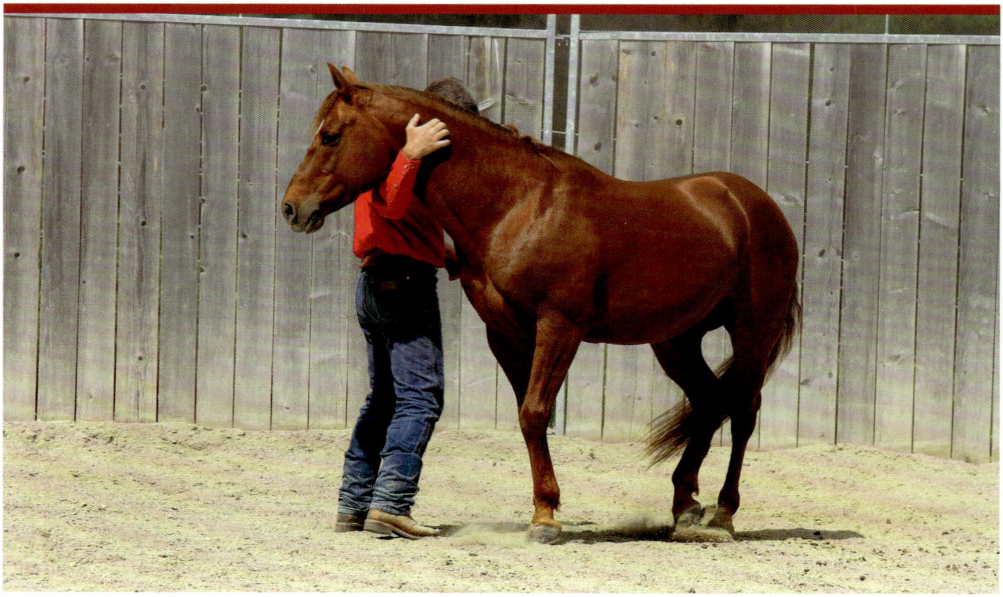

Durch Druck am Hals bewegt das Pferd die Hinterhand nach links.

Halfter und Führstrick gut vorbereitet, benötige ich keine aggressiven Mittel, um das Pferd in die Richtung zu schicken, die ich möchte.

Wenn das innere Ohr wiederum in meine Richtung fällt und mir das Pferd damit signalisiert, dass es auf mich aufpasst, drehe ich mich zur Seite und hole so mein Pferd von der Wand weg. Mein Pferd schaut wieder nach innen und läuft dann auf mich zu. Ich bleibe in einer gewissen Entfernung von meinem Pferd stehen. Das Pferd wird dort stehen bleiben, wo es sich wohlfühlt. Kommt es zu mir, kann ich es auch loben.

Jedes Pferd reagiert anders

Habe ich ein vollkommen rohes Pferd, so wird diese Übung recht einfach und schnell vonstattengehen. Diese Pferde sind unverbraucht, sie passen gut auf, lernen schnell jede neue Übung. Mit Pferden, die ich als etwas verdorben bezeichnen würde, dauert es länger. Die Art und Weise, wie mein Pferd mich dann wieder verlässt, ist sehr wichtig. Ich möchte nicht, dass das Pferd mit einem Satz losrennt. Es soll mich langsam und ruhig verlassen und zum Hufschlag zurückkehren. Dann kann ich es wieder vorwärts schicken. Meine Position zum Pferd ist dabei sehr wichtig. Ich stehe nicht direkt am Pferd, sondern ein kleines Stück weit weg. Schicke ich mein Pferd rechts herum, so ist meine rechte Hand etwas höher. Mit dieser Hand deute ich leicht Richtung Auge und blockiere damit gewissermaßen den Kopf des Pferdes. So wahre ich die Distanz zwischen rangniederem und ranghöherem Herdenmitglied.

Nur durch meine Körpersprache schiebe ich die Vorderhand nach links.

Mit der linken Hand, die das Rope hält, klopfe ich leicht auf meinen Oberschenkel. Mein Pferd läuft wieder zur Wand und ich lasse es antraben. So läuft es zwei, drei oder auch vier Runden, vielleicht auch nur eine. Entscheidend ist, wie aufmerksam mein Pferd auf meine Signale reagiert. Möchte mein Pferd von sich aus nach innen kommen, lasse ich das vielleicht ein-, eventuell zweimal zu. Auf keinen Fall öfter. Das Pferd darf nicht lernen, dass es selbst den Zeitpunkt bestimmen kann, wann es zu mir kommt. Sonst lässt sich ein Pferd irgendwann nur noch mit viel Druck nach außen bewegen und das ist nicht mein Ziel. Ich möchte, dass das Pferd meine Hilfe abwartet, die ihm erlaubt, zu mir zu kommen.

Es sind wirklich viele kleine Positionsarbeiten, die ich machen muss, damit mein Pferd nicht die Aufmerksamkeit verliert. Es reicht also nicht, in der Mitte des Round-Pens zu stehen und mit dem Rope herumzuwedeln. Ich muss mein Pferd beobachten: Wo schaut es hin, wie bewegt sich die Hinterhand usw.?

Die »blinden Flecken« des Pferdes

Für unsere Arbeit im Round-Pen ist auch wichtig zu wissen, dass Pferde »blinde Flecken«

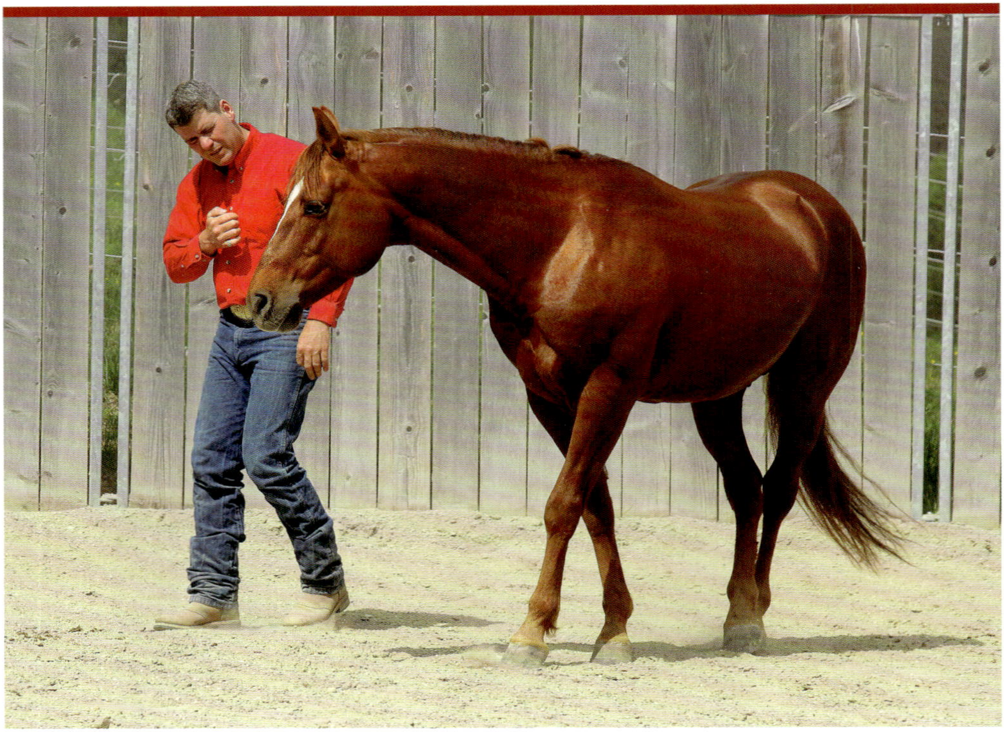

Nun bin ich hinter dem Pferd und »ziehe« es zu mir heran.

haben. Das ist zum einen die Stelle über der Schweifrübe und zum anderen die unter dem Kinn. Pferde haben eine große Rundumsicht, nur dort sind sie gewissermaßen »blind«.

Das Pferd wenden

Ich nutze die Stelle hinter der Schweifrübe, um das Pferd ohne Einwirkung durch Führstrick o.Ä. herumzudrehen. Hinter dem Pferd stehend, bewege ich mich z.B. etwas nach links, sodass mich das Pferd mit seinem linken Auge sehen kann. Im Idealfall wird es auch das linke Ohr zu mir drehen. Um mich besser in sein Blickfeld zu bekommen, wird es dann auch seinen Kopf drehen. Trete ich nun langsam mit leicht erhobener Hand einige Schritte zurück, wird mir mein Pferd wie an einem unsichtbaren Führstrick folgen.

Die 360-Grad-Drehung

Bei der nächsten Übung will ich eine 360-Grad-Drehung erreichen: Ich stehe entgegen der Fahrtrichtung an meinem Pferd, greife von unten her an die andere Seite des Halses und drücke mit meinen Fingern auf einen Muskel. Anfangs wird mein Pferd das nicht ganz verstehen. Ich drücke einfach weiter, jedoch nicht fester. Ich warte so lange, bis mein Pferd die Hinterhand von mir weg bewegt. Sobald das Pferd einen Schritt mit der Hinterhand macht, lasse ich es los. Ich streichle mein Pferd an der Stelle, wo ich zuvor gedrückt habe, und warte, bis es wieder ruhig steht. Drückt das Pferd gegen mich, bleibe ich einfach stehen. Ich drücke nicht dagegen, sondern versuche es zu ignorieren. Wichtig ist lediglich, dass meine zweite Hand nicht in Aktion tritt. Ziel ist es ja, dass das Pferd auf Druck von einer Hand die Hinterhand bewegt.

Ebenso wichtig ist es, dass das Ganze nicht in einer Rauferei ausartet. Auch wenn mein Pferd anfangs vielleicht gegen die Hand drückt, bleibe ich ruhig und konstant mit meiner Hilfe. Irgendwann macht das Pferd einen Schritt in die richtige Richtung und wird dafür gelobt. Wenn diese Übung weich und leicht funktioniert, erweitere ich sie.

Die Vorhand schieben und ziehen

Sobald mein Pferd auf Druck meiner Hand mit der Hinterhand herumgeht, lasse ich diese Hand am Hals los, wechsle die Seite am Pferd und schicke die Vorderhand durch leichten »Druck« am Auge herum. Wenn das Pferd mit der Vorderhand gewichen ist, gehe ich hinten am Pferd vorbei und ziehe es über das andere Auge wieder zu mir.

Ich wiederhole diese Übung so lange, bis ich mit meinen Fingern so gut wie keinen Druck mehr ausüben muss. Das Pferd lernt so bereits, sich auf kleinste Hilfen hin zu bewegen.

Wichtig

Ich will mein Pferd nicht gegen den Zaun wenden. Leider sieht man diese Übung sehr häufig, weil sich das Pferd dabei so beeindruckend auf der Hinterhand dreht. Das hat aber mit unserer Zielsetzung nichts zu tun, da ich mein Pferd nicht von mir wegscheuchen, sondern es auf mich aufmerksam machen und ihm mit meinem Körper signalisieren möchte, was ich von ihm will.

Die Arbeit mit dem Rope

Ziel der Übung

Das Pferd soll lernen, Druck gegenüber nachzugeben.

Die Ausrüstung

Ich brauche dazu nicht unbedingt ein Rope, es kann genauso gut ein entsprechend langer Baumwollstrick sein. Wichtig dabei ist, dass das Rope oder der Strick keine Haken besitzen oder irgendetwas, womit sich das Pferd verletzen könnte. Der Strick muss natürlich so lang sein, dass immer genügend Sicherheitsabstand vorhanden ist, falls ein Pferd nach dem Strick oder nach dem Menschen tritt. Sicherheit steht immer an erster Stelle! Deswegen mache ich anfangs beim Rope auch nicht die Schlinge zu.

Gewöhnung an das Seil

Zuerst berühre ich mein Pferd überall mit dem Rope (oder einem Strick) und klopfe es ab. Ich fange also quasi wieder von vorne an, mein Pferd damit auszusacken, vor allen Dingen an den Beinen. Mein Pferd soll jetzt als Erstes lernen, einem weichen Druck nachzugeben. Diesen Druck übe ich zunächst an den Beinen aus. Warum? Ich muss mir Folgendes vorstellen: Wenn ein Pferd mit seinen Beinen irgendwo hängen bleibt, gerät es in Panik. Es gilt also, diese Angstschwelle auf ein Maß herunterzubringen, mit dem man umgehen kann. Wenn mein Pferd nie gelernt hat, stehen zu bleiben, wenn etwas seine Beine blockiert, ist die Verletzungsgefahr bei entsprechenden Zwischenfällen sehr groß, z.B. wenn ein Pferd in einen Zaun gerät oder in einen Strick. Dem kann ich vorbeugen. In Amerika ist das die Vorbereitung auf das Hobbeln. Ein Arbeitspferd muss draußen mit allen Situationen fertigwerden! Das Pferd lernt dadurch, dass es nicht einfach flüchten kann oder muss, wenn es festgehalten wird.

Auf Druck weichen

Ich nehme jetzt also einen Strick, fahre eins der Beine ab und fädle den Strick hinter dem Bein durch, lasse ihn nach unten gleiten bis zur Fesselbeuge und ziehe leicht daran. Sobald das Pferd auch nur ein bisschen daran denkt nachzugeben, lasse ich sofort los. Steht mein Pferd auf seinem Fuß, ziehe ich wieder leicht an meinem Strick, nehme den Druck also wieder auf. Gibt mein Pferd nach, gebe ich sofort auch wieder nach. Dieses wiederhole ich so lange, bis mein Pferd wirklich weich nachgibt.

Jeder Zug oder Druck, der vom Pferd mit einem Nachgeben beantwortet wird, wird von mir mit dem Wegnehmen des Drucks belohnt! Irgendwann macht mein Pferd bei dieser Übung einen Schritt vorwärts. Das ist unser nächstes Ziel – der Schritt vorwärts mit einem Bein. Funktioniert dieser Schritt vorwärts, versuche ich es mit einem Schritt seitwärts. Mit Schritt meine ich wirklich nur eine kleine, natürliche Bewegung des Hufes in die gewünschte Richtung. Bleibt das Pferd auch bei dieser Übung ruhig, kann ich die Schlinge enger ziehen.

Unser Ziel ist es, dass das Pferd lernt, nachgiebig auf den Zug eines Strickes zu reagieren. Natürlich fange ich mit dieser Übung an den Vorderbeinen an, da das Pferd besser sieht, was passiert.

Die Hinterbeine mit einbeziehen

Wenn das gut funktioniert, kann ich die Übung an den Hinterbeinen fortsetzen. Dort ist entsprechende Vorsicht geboten, da ein Pferd nicht nur nach hinten, sondern auch seitwärts ausschlagen kann. Wenn wir so weit sind, dass das Pferd auch mit dem Hinterbein einen Schritt vorwärts oder einen Schritt seitwärts macht sobald ich leicht am Rope ziehe, kann ich die Schlinge zumachen.

Seien Sie darauf gefasst, dass Ihr Pferd daraufhin heftiger reagieren wird, eventuell zappelt, um das Rope loszuwerden. Ich werde bei einer solchen Reaktion leicht dagegenhalten, wie eine Art Gummizug. Was auf keinen Fall passieren darf, ist, dass sich das Pferd »verbrennt«. Benutzen Sie das Rope also niemals mit einer solchen Kraft, dass es zu Verletzungen in der Fesselbeuge kommt.

Handschuhe verhindern gefühlvolles Agieren

Darum benutze ich auch keine Handschuhe. Habe ich mir die Finger verbrannt bei dieser Arbeit, heißt es nichts anderes, als dass mein Timing schlecht war und ich zu viel Zug am Rope hatte. Hätte ich Handschuhe getragen, hätte mein Pferd diesen Zug abbekommen und sich verletzt. Sicherlich wird man sich am Anfang auch mal die Finger verbrennen, bis man das Gefühl für das Rope bzw. den Druck heraus hat. Aber da meine Haut dünner ist, ist das ein Gradmesser für den Zug und hilft, andere Verletzungen zu vermeiden.

Wichtig

Bei diesen Übungen trägt das Pferd ein Halfter und ich halte es am Führstrick, damit es sich nicht selbstständig machen kann! Sollte es nämlich davonlaufen, besteht die Gefahr, dass das Pferd hängen bleibt und Dinge passieren, die wir eigentlich vermeiden wollten. Darum diese Übung sehr vorsichtig und langsam durchführen!

Die Übung erweitern

Klappt diese Übung auch an der Hinterhand recht gut, kann ich sie erweitern.

Vorbereitung für den Hufschmied

Denken wir einfach an den nächsten Schmiedetermin. Viele Pferde haben besonders hinten ein Problem mit dem Aufheben und dem Beschlagen.

Bei dieser Übung fixiere ich das Pferd mit einem stabilen Halfter und Führstrick (auf keinen Fall mit dem Knotenhalfter, vgl. Seite 19) an eine stabile Anhängevorrichtung oder bediene mich einer zweiten Person, die aus Sicherheitsgründen hinter dem Zaun steht und den Führstrick hält, der um einen Pfosten gewickelt ist. Keinesfalls darf ein Knoten gemacht werden. Der Helfer hält den Strick auch nur leicht in der Hand. Ich mache mir diese kleine physikalische Übersetzung der Kraft durch die Wicklung am Pfosten zunutze. Sollte ich das Pferd jedoch loslassen müssen, falls die Gefahr eines Unfalles besteht, dann kann es den Strick selbst von dem Pfosten »abwickeln«. Das Rope befindet sich mit der Schlinge um ein Hinterbein und ich übe einen leichten Zug aus. Dann kann ich das Bein vorsichtig nach hinten herausziehen, halte diesen Zug aufrecht und lasse das Bein los, sobald das Pferd nachgibt.

Steht das Pferd ruhig auf seinem Bein, nehme ich den Zug wieder auf, und zwar so lange, bis ich das Bein ohne Probleme nach hinten strecken kann. Ziel ist es wieder, dass das Pferd wie bei einem Hufschmiedtermin das Bein nach hinten gibt, aber ohne Zappeln, Durchziehen des Hufes oder Kicken nach der Person, die dort steht. Mein Pferd lernt mit der Zeit, bei einem Zug an den Beinen – sei es, weil es festgehalten wird oder weil es festhängt – nicht in Panik zu verfallen, sondern ruhig zu bleiben, eventuell einen Schritt vorwärts oder rückwärts zu gehen und abzuwarten.
Das ist keineswegs normal für das Fluchttier Pferd, aber es hilft bei vielen Dingen, die im Alltag nun mal passieren können.

Den Bauchgurt simulieren

Nach den Beinen arbeite ich mich zum Bauch hoch als Vorbereitung für das spätere Anziehen des Gurtes.
Viele Pferde sind dort empfindlich bis hin zu einem Gurtzwang. Das kann ich ändern, indem ich mit meinem Rope eine Schlinge um den Bauch mache. Diese Schlinge werde ich Stück für Stück zuziehen, um einen Sattelgurt zu simulieren. Besonders bei jungen Pferden ist es hilfreich, sie mit dem Druck auf den Bauch

Das Pferd soll auf Zug mit Nachgiebigkeit reagieren.

vertraut zu machen. Dabei achte ich darauf, nur dann die Schlinge etwas enger zu ziehen, wenn das Pferd ausatmet. Würde ich ziehen, wenn das Pferd einatmet, ist das Gefühl des Einengens wesentlich größer, da Brustkorb und Bauch doch recht viel Platz benötigen.

Keinesfalls darf ich die Schlinge bzw. später den Sattelgurt mit einem Ruck schließen. Das würde wie ein Schreck durch das ganze Pferd gehen. Vielleicht kann man sich das bildlich vorstellen, wenn bei einem tiefen Einatmen Bauch bzw. Brustkorb auf einen einschneidenden Gegenstand treffen, an den das Pferd noch nicht gewöhnt ist. Andersherum wird das Pferd beim nächsten Einatmen einfach auf weniger Platz treffen, die Gewöhnung an einen Bauchgurt erfolgt ruhig und ohne Schrecken. Geht mein Pferd aufgrund der Spannung am Bauch los, lasse ich es gehen, leite jedoch die Beine in eine von mir gewünschte Richtung und halte den Zug am Rope aufrecht, bis mein Pferd stehen bleibt.

Sobald mein Pferd steht, lasse ich mit dem Druck am Rope nach, damit mein Pferd lernt:
1 Ich kann loslaufen, wenn ich denke, ich muss, und werde nicht gezwungen zu bleiben.
2 Der unangenehme Druck hört auf, sobald ich stehen bleibe.
Das zieht sich ohnehin wie ein roter Faden durch unsere Arbeit.

Kommen wir zurück zu unserer Arbeit mit dem Rope (oder einem vergleichbaren langen Baumwollstrick). Ein Pferd hat nicht nur eine Sattel- und Gurtlage. Vergessen sollte man auch nicht den hinteren Teil des Pferdebauches. Dort kann einmal der Back Cinch (hinterer Bauchgurt) liegen. Wir verfahren dort genauso langsam und vorsichtig wie beim vorderen Bauchgurt.

Bei der Arbeit mit dem Rope darf das Pferd nicht am Knotenhalfter festgebunden werden.

Kommunikationsprobleme vermeiden

Wenn ich bei neuen und ungewohnten Dingen mein Pferd immer mit dem Nachgeben des Drucks meinerseits belohne, wenn es ruhig bleibt, habe ich den gewünschten Erfolg. Wenn es aber einen Fehler macht und ich trotzdem nachgebe, kann ich nicht erwarten, dass es beim nächsten Mal ruhig bleibt. Dazu folgendes Beispiel: Wenn ein Afrikaner und ein Chinese, die sich vorher noch nie gesehen haben, zusammenarbeiten müssen, wird das anfangs zu großen Problemen führen. Da beide aus verschiedenen Kulturkreisen stammen, funktioniert weder eine Zeichensprache noch die verbale. Der Chinese ist der Teamchef und muss dem Afrikaner angeben, eine von zehn Türen zu öffnen, beispielsweise »Tür fünf«. Er signalisiert mit den Händen »Tür fünf«, macht eine Handbewegung zu den Türen, versucht den Handgriff zu beschreiben. Der Afrikaner zuckt immer mit den Schultern. Es interessiert ihn eigentlich auch nicht, denn je mehr er dazulernt, umso mehr muss er auch arbeiten.

Irgendwann wird es dem Chinesen zu viel, er geht zum Afrikaner und steckt ihm einen Finger ins Ohr. Der Afrikaner denkt natürlich: Was soll denn das? Es ist ihm nicht angenehm, er kann sich aber nicht wehren, da der Chinese ja sein Vorgesetzter ist. Allmählich bekommt der Afrikaner eine Ahnung von dem, was er machen soll. Er geht auf die Türen zu und macht die erste Tür auf. Der Chinese lässt aber nicht los. Daraufhin macht er die nächste Tür auf, der Chinese lässt immer noch nicht los. Der Afrikaner versucht es mit der nächsten Tür und so weiter, bis beide bei der fünften Tür angelangt sind. Kaum dass der Afrikaner den Griff in der Hand hat, nimmt der Chinese den Finger aus seinem Ohr. Jetzt weiß der Afrikaner: Wenn er den Finger im Ohr hat, will sein Chef, dass er Tür fünf aufmacht.

Irgendwann sind beide so aufeinander eingespielt, dass der Chinese nur noch mit dem Finger auf das Ohr deuten muss, und der Afrikaner weiß, dass er Tür fünf aufmachen soll. Das funktioniert deshalb so gut, weil der Chinese beim ersten Mal ein gutes Timing bewiesen hat. Wenn der Chinese allerdings den entscheidenden Augenblick verpasst, weil er sich schlecht konzentriert, mit jemand anderem ein Schwätzchen hält, dann passiert vielleicht Folgendes: Er nimmt den Finger erst aus dem Ohr, als der Afrikaner schon die Tür fünf aufgemacht hat und bereits auf dem Weg zur Tür sechs ist. Damit hat er erreicht, dass der Afrikaner eine andere gedankliche Verbindung schafft. Er wird vermutlich dorthin gehen, wo der Chinese den unangenehmen Druck vermindert hat. Dieser denkt womöglich noch: »Der Afrikaner ist aber auch selten dämlich.« Der wiederum weiß nicht, was los ist, denn er macht doch immer die Türe auf, an der sein »Chef« losgelassen hat. Diese Situation kann eskalieren, da beide von verschiedenen Voraussetzungen ausgehen und nicht zu einer einheitlichen Verständigung kommen.

Hals und Kopf mit einbeziehen

Dann lege ich meinem Pferd die Schlinge um den Hals und arbeite an der Nachgiebigkeit von Kopf und Hals. Sie werden jetzt vielleicht fragen: »Was soll das? Das Pferd kennt doch das Halfter und lässt sich daran führen.« Das ist genau der Grund, warum ich das Halfter nicht nehme. Ich möchte mein Pferd nicht an dem Halfter »herumziehen«, sondern ich möchte – wie an den Beinen –, dass es weich und nachgiebig wird. Ich lege also die Schlinge um den Pferdehals und fange mit den Übungen an, die wir schon von der Bodenarbeit her kennen, also Aufzirkeln, Richtungswechsel um mich herum, Rückwärtsrichten usw. Sollte mein Pferd Probleme zeigen, weil es nur die Schlinge um den Hals hat, kann ich zusätzlich eine Schlaufe um die Nase herum machen (ein sogenanntes Indianerhalfter). Besonders beim Rückwärtsrichten muss ich darauf vorbereitet sein, dass es nicht sofort versteht, was ich von ihm möchte. Sollte es nach vorne drücken, gebe ich mit einem Zupfen einen leichten Impuls, bis es ruhig steht, und die Übung geht von vorne los.

Neues macht neugierig

Besonders bei älteren Pferden habe ich die Erfahrung gemacht, dass ich auf die Art und Weise wieder eine höhere Sensibilität erreichen kann. Vermutlich haben schon so viele Leute mit viel Kraft am Halfter »herumgezogen«, dass das Pferd auf diesem »Ohr« taub ist. Das Rope ist eine neue Erfahrung, das Pferd wird neugierig und hört wieder besser zu. Das ist auch der Grund, warum ich bei vielen Reitpferden, die zu mir ins Training kommen, mit einem Bosal anfange. In der Regel kennen die Pferde diese Art der Zäumung nicht.

Selbst bei einem Durchgänger habe ich damit einen guten Einstieg. Dieses Pferd hat gelernt, sich mit enorm viel Kraft auf ein Gebiss zu legen, da habe ich kraftmäßig nicht viel entgegenzusetzen. Bei einem Bosal hat das Pferd nie gelernt, sich draufzulegen. Sollte das Pferd zu heftig werden, bekommt es mit dem Bosal eine Parade. Es werden völlig andere Nervenbahnen angesprochen als sonst und mein vierbeiniger Schüler hat erst mal einen Aha-Effekt. Selbstverständlich darf ich mich auch hier nicht auf ein Kräftemessen einlassen. Wenn mein Pferd nur einen kleinen Moment nachgibt, gebe ich auch nach

»Ein Gefühl folgt einem Gefühl« – das ist der Moment, in dem für das Pferd ein neuer Lebensabschritt beginnt.

So sieht das »Indianerhalfter« aus.

Fahren vom Boden

Ziel der Übung

Das Pferd soll weich auf Zügelhilfen reagieren. Es lernt ohne störendes Reitergewicht die Lenkung und die Übergänge zwischen den einzelnen Gangarten.

So geht's

Zunächst ist wieder die Vorbereitung mit dem Rope ganz wichtig. Ein unvorbereitetes Pferd wird vermutlich nach vorne loslaufen, eventuell auch nach hinten ausschlagen, wenn etwas seine Hinterhand berührt. Erinnern wir uns – genau hinter der Schweifrübe befindet sich beim Pferd ein »blinder« Fleck. Und der Instinkt sagt unserem Pferd: Was sich hinter mir befindet, könnte etwas Gefährliches sein!

Wenn ich sicher bin, dass mein Pferd auf alles gelassen reagiert, was hinter ihm passiert – auch wenn ein Strick mal zwischen die Hinterbeine rutscht –, dann kann ich zum Fahren vom Boden aus übergehen.

So sieht die Vorbereitung zum Fahren vom Boden aus. Der Strick um die Hinterhand simuliert die Fahrleinen.

Die Ausrüstung

Anfangs benutze ich in der Regel ein Sidepull. Sollten Sie diese Art der Zäumung nicht besitzen, können Sie ebenso gut ein Knotenhalfter nehmen. Beachten Sie dabei aber, dass Sie die Longen genauso einhaken wie bei einem Sidepull, um die korrekte seitliche Einwirkung zu haben.

Übrigens: Ich benutze gerne verschiedenfarbige Longen, um einer Verwechslung vorzubeugen. Bis ein Pferd sich wirklich leicht lenken lässt, wird es sicherlich die eine oder andere Situation geben, in der ich sekundenschnell an der richtigen Longe ein Kommando ausführen muss. Sollte ich dann den falschen Zügel erwischen, könnte das sehr unangenehm werden. Allein schon aus Sicherheitsgründen für alle Beteiligten hat sich diese Eselsbrücke mit den zweifarbigen Longen bewährt.

Als Nächstes verbinde ich die Steigbügel mittels eines Heubands oder Stricks unter dem Pferdebauch, damit sie seitlich ruhig liegen – auch das wieder aus Sicherheitsgründen. Wie durch eine Öse führe ich die Longen durch den Bügel und es muss gewährleistet sein, dass diese auch dann ruhig herunterhängen, wenn ich eine seitliche Zügelhilfe gebe.

Die Bügel werden locker unter dem Bauch zusammengebunden.

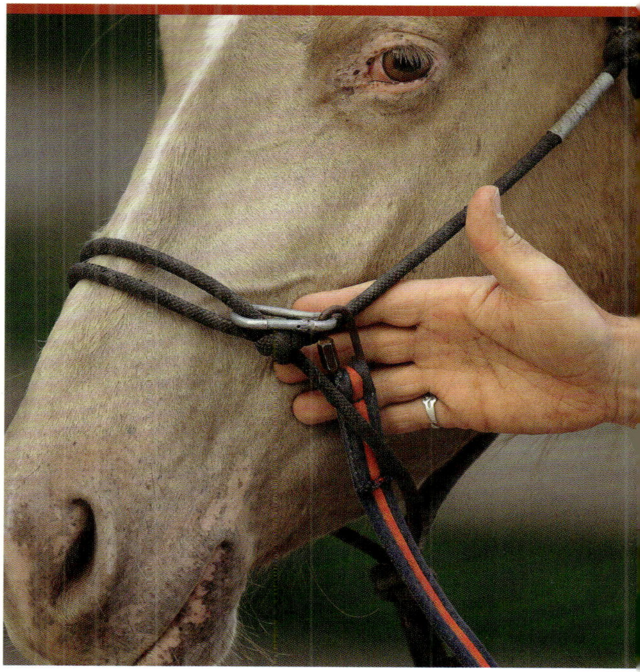

Um seitlichen Zug anwenden zu können, sollte der Haken wie abgebildet am Halfter befestigt werden.

Das Fahren vom Boden als Vorbereitung auf das Reiten

Warum fahre ich ein Pferd vom Boden aus? Sämtliche Hilfen, die ich später vom Rücken aus dem Pferd gebe, kann ich hier bereits üben. Ich gehe mit dem Pferd über Planen und Stangen und sollte es dabei einmal vor Schreck einen Hüpfer machen, sehe ich das sehr gelassen, denn es kann mich dabei nicht verlieren. Diese Übung befindet sich in der sensiblen Phase zwischen Bodenarbeit und Reiten. Sie bietet mir die Möglichkeit, dem Pferd alle Hilfen Schritt für Schritt vom Boden aus zu erklären.

Funktioniert die Lenkung schon einigermaßen, lasse ich mein Pferd um Tonnen herumlaufen. Auf diese Art und Weise biete ich dem Pferd eine Abwechslung im Training und gymnastiziere es ganz nebenbei. Bei jedem Richtungswechsel wird sich mein Pferd »um eine Tonne biegen«. Achten Sie auch darauf, dass Sie Ihrem Pferd auf einer Linie folgen können. Das ist ein sicheres Zeichen dafür, dass Ihr Pferd flexibel ist und das innere Hinterbein die Last aufnehmen kann. Sollte das nicht der Fall sein, gehen Sie ein paar Schritte zurück zur Bodenarbeit.

Zu Beginn können die Longen auf dem Boden schleifen, um das Pferd an die Berührung zu gewöhnen.

Vermeiden Sie ständiges Zupfen nach links und rechts. Das verleitet Ihr Pferd dazu, nur den Kopf herum zu nehmen, und das Ganze endet in einem hektischen Slalom. Zudem stumpfen viele vor allem grobe Hilfen das Pferd ab.

Die praktische Umsetzung

Selbstverständlich findet das Fahren vom Boden aus erst mal im Schritt statt. Für das Pferd ist es schon eine große Umstellung, dass sein Herdenführer nicht mehr von der Seite, sondern von hinten die Kommandos gibt. Wenn es sich an diese neue Situation gewöhnt hat, die gestellten Aufgaben weich und leicht erledigt werden, gehe ich zum Trab über.

Bald darauf steigere ich das Tempo vom Trab in den Galopp, wobei ich spätestens dann nicht mehr hinter meinem Pferd herlaufen werde. Ich postiere mich etwas seitlich von dem Pferd und lasse es in einem Zirkel um mich herumlaufen. Auch Richtungswechsel in Form einer Acht sind dabei möglich. Ich lasse mein Pferd beispielsweise linksherum galoppieren, stelle den Kopf nach rechts, und mein Pferd wird in die andere Richtung weitergaloppieren. Allerdings schalte ich zunächst vom Galopp in den Trab zurück, um mein Pferd nicht zu einem Galoppwechsel zu zwingen. Wenn auch diese Übung weich und leicht erledigt wird, nähern wir uns schon der Doppellongenarbeit.

In der klassischen Reiterei werden sämtliche Lektionen bis hin zur Hohen Schule vom Boden aus exerziert. Ganz so weit will ich es hier nicht treiben, aber das Fahren vom Boden bringt mir viele Vorteile.

Wie Sie später noch lesen werden, verwende ich Fahren vom Boden bei Problempferden, die gelernt haben, sich durch Steigen der Zusammenarbeit zu entziehen. Erst wenn ich durch die Arbeit am Boden sicher bin, dass ein Pferd seine Energie für und nicht gegen mich verwendet, gehe ich zum Reittraining über.

Wichtig

Wenn sich das Pferd mit einem Sidepull oder einem Halfter gut lenken lässt und alle Übungen flüssig und leicht vonstattengehen, kann man zu einer Trense mit Gebiss übergehen. Allerdings müssen Sie dabei den langen Weg von der Hand zum Pferdemaul berücksichtigen. Ein Pferd kann durch unkontrolliertes Ziehen und Zupfen leicht »maulig« werden. Wenn Sie jedoch schon mit einem Sidepull oder Halfter das Gefühl haben, Sie bewegen Ihr Pferd nur mit viel Kraft zu einem Richtungswechsel und es reagiert auch ansonsten nicht weich, sollten Sie lieber noch einmal zur Bodenarbeit zurückkehren!

Fahren vom Boden ist nicht nur eine gute Vorbereitung für das Reiten, sondern eignet sich auch hervorragend, um das Pferd zu gymnastizieren.

Anreiten und Verladen

Wenn vom Boden aus die Basis geschaffen wurde, geht es an den nächsten Schritt – das erste Mal aufsteigen. Das ist ein aufregender und wichtiger Moment für Pferd und Reiter. Hier erfahren Sie, wie es nach der Grundausbildung am Boden weitergeht und wie Sie Ihrem Pferd die ersten Schritte unter dem Sattel erleichtern.

Aufsteigen, aufsitzen und das erste Mal losreiten

Ziel der Übung

Dem Pferd sollte in jeder Situation Ruhe und Gelassenheit vermittelt werden, da es sich in Stresssituationen auf den Reiter verlassen können muss.

Vor dem ersten Aufsitzen sollte wirklich gewährleistet sein, dass das Pferd vom Boden aus ausreichend auf diesen wichtigen Augenblick vorbereitet wurde. Wenn das linke und das rechte Auge des Pferdes alle Eindrücke gespeichert haben, ist es bereit, das »Raubtier Mensch« auf seinem Rücken zu dulden.

Ist der richtige Augenblick gekommen? Steigen Sie nur auf, wenn Sie ein gutes Gefühl dabei haben.

Wenn nur der kleinste Zweifel übrig bleibt, verschiebe ich diesen Zeitpunkt. Mutproben in Rodeomanier sind fehl am Platze und würden das Training um Tage, wenn nicht gar Wochen zurückwerfen.

Die Anforderungen langsam steigern

Ein alter Cowboyspruch besagt: »Der Pferderücken ist der einsamste Platz der Welt, dort kann dir keiner mehr helfen.«

Darum teile ich das Aufsitzen in zwei Etappen. Die erste Etappe ist ein »halbes Aufsteigen«. Ich steige mit wenig Gewicht in den Bügel, d. h., ich sollte meinen Schwerpunkt gleich über das Pferd bringen, um es nicht aus der Balance zu bringen. Ich schwinge also gleich bis zum Sattelhorn und warte ab. Macht mein Pferd einen Vorwärtsschritt oder schüttelt mit dem Kopf, bleibe ich in dieser Position und warte, bis es sich beruhigt hat und stehen bleibt.

Geht mein Pferd doch einfach los, bleibe ich ebenfalls in meiner Position und versuche, mit meiner freien Hand den Beinen eine Richtung zu geben (nicht durch Ziehen am Strick, sondern durch gefühlvolles Lenken des inneren

Beines), bis es einen Ort gefunden hat, an dem es sich wohlfühlt und stehen bleibt.

Dann lobe ich mein Pferd und steige wieder ab. Ich wiederhole diese Prozedur sooft es nötig ist, und zwar von beiden Seiten, bis das Pferd ruhig bleibt und diesen Vorgang akzeptiert.

Balance ist wichtig

Mein erster Blick geht übrigens immer zu den Beinen. Ich schaue nach, ob das Pferd gerade steht. Ganz wichtig ist es, das Pferd vor dem Aufsteigen auszubalancieren. Manche Pferde stellen sich etwas ungeschickt hin, sodass bei Belastung eines Steigbügels das Pferd einen Schritt machen muss, um sein Gleichgewicht wiederzubekommen. Oft quittiert der Reiter das dann mit einem Zug am Zügel, was wieder zur Folge hat, dass das Pferd gegen diesen Druck geht. So entsteht aus einer Kleinigkeit ein großes Problem, denn das Pferd lernt, gleich an den Zügeln zu ziehen und einfach loszulaufen. Ich muss also vor dem Aufsteigen mein Pferd ausbalancieren.

Ich wackle dazu am Sattel, ziehe mit Kraft rechts und links daran und kann so sicher sein, dass mein Pferd gerade auf allen vier Beinen steht. Ein wichtiger Nebeneffekt ist dabei, dass ich merke, ob der Sattel korrekt auf dem Pferd sitzt und ob der Sattelgurt ebenfalls richtig angezogen ist.

Zunächst soll sich das Pferd nur an das Gewicht auf seinem Rücken gewöhnen, dafür lege ich mich erst einmal nur über den Sattel.

Das erste Aufsitzen

Bleibt mein Pferd ruhig, wenn ich über dem Sattel lehne, gehe ich zum zweiten Schritt über. Genauso weich wie bei der ersten Hälfte schwinge ich nun mein Bein über den Pferderücken. Ich setze mich gerade hin und verweile locker im Sattel, mit beiden Füßen in den Bügeln. Ich vermeide jede schnelle Bewegung, um das Pferd nicht zu erschrecken.

Übung machte den Meister

Jetzt können nur zwei Dinge passieren: Entweder mein Pferd bleibt ruhig stehen oder es läuft los.

Im ersten Fall lobe ich mein Pferd, steige ab, steige wieder auf und steige auch mal auf der anderen Seite ab. Wenn ich oben sitze, berühre ich mein Pferd überall – am Hals, an der Hüfte, auf der Kruppe bis hin zur Schweifrübe. Es muss sich einfach daran gewöhnen, dass sich da oben etwas bewegt und es auch von oben angefasst wird.

Ich beginne damit, meinen Führstrick von links nach rechts und umgekehrt über den Kopf des Pferdes zu werfen, um es an diese Bewegung zu gewöhnen. Genau diese Bewegungen benötige ich dann bei den ersten Ritten zum Richtungswechsel.

Bleibt das Pferd entspannt, mache ich es mit verschiedenen Berührungen und Geräuschen vertraut. Ich kann es z. B. am Bauch mit dem Steigbügel abstreichen.

Auch an die Berührungen der Hände kann ich das Pferd gleich zu Beginn gewöhnen. Beginnen Sie jedoch langsam und steigern Sie den Schwierigkeitsgrad allmählich.

Wenn das Pferd aber nicht brav stehen bleibt, muss ich einfach sicher sein, dass ich auf jede Situation gefasst bin. Wenn mein Pferd losläuft, kann mir keiner mehr helfen. Wenn mich auf einmal der Mut verlässt, kann ich nicht einfach in die Zügel greifen, das Pferd anhalten, absteigen und sagen: Nein, das ist mir jetzt doch zu gefährlich! Wenn ich das erste Mal auf ein junges Pferd aufsteige, muss ich die Sache zu Ende führen können. Eine gründliche Vorbereitung ist daher unerlässlich.

Faule und fleißige Pferde

Der Idealfall ist der, dass ich aufsteige, mein Pferd aus dem Sattel heraus von allen Seiten berühren kann und, wenn ich mit einer Hüftbewegung meinerseits das Pferd unter mir auffordere loszulaufen, diese Hilfe sofort angenommen wird. Ich möchte, dass es möglichst weich und ohne Anzeichen einer Verspannung mit fleißigen Schritten vorwärtsgeht. Der unangenehme Fall sind die »Schleicher«. Pferde, die man immer wieder massiv auffordern muss zu laufen. Sie sind schwieriger zu trainieren. Es ist eine besondere Form der Verweigerung, einfach stehen zu bleiben und alles abzublocken. Bei einigen Kleinpferderassen ist dieses Verhalten öfter anzutreffen.

Bewegung und Berührung

Ein Pferd, das sich bewegt, nimmt die ersten Hilfen bereitwillig an. Ich lobe und streichle mein Pferd überall, damit es sich wohl fühlt. Das Streicheln soll es an seine Fohlenzeit erinnern, als seine Mutter es überall abgeschleckt hat. Damit will ich dem Pferd eine gewisse Sicherheit vermitteln. Und dort, wo mein Pferd hingeht, gehe ich mit ihm mit. Ich bin nicht derjenige, der die Richtung vorgibt, sondern mein Pferd sagt, wo es langgeht Ich möchte mein Pferd in diesem Stadium noch nicht beeinflussen. Ich sitze als Passagier obendrauf, bewege eventuell meine Hüfte und das Pferd gewöhnt sich an die neue Last.

Verhalten des Pferdes für uns nutzen

Bleibt mein Pferd aus freien Stücken stehen, aus welchen Gründen auch immer, biete ich ihm mit meinem Körper einen Stopp an. Ich blende mich sozusagen an dieser Stelle ein, als ob es meine Idee gewesen wäre. So lernt das Pferd meinen Körper kennen, wie es sich anfühlt, wenn ich einen Stopp möchte.

Wurde mein Pferd bei der Bodenarbeit genügend vorbereitet, wird es diesen Strick, der von einer zur anderen Seite wechselt, ohne Probleme akzeptieren.

Warum wir nur mit einem Zügel arbeiten

An dieser Stelle ist es wichtig zu erwähnen, dass mein Pferd immer noch ein Halfter mit einem Führstrick auf einer Seite trägt. Der Grund ist ganz einfach: Der Mensch neigt dazu, an beiden Stricken (oder Zügeln) zu ziehen, wenn zwei davon vorhanden sind. Die Folge wäre, dass sich das junge, unerfahrene Pferd einrollt, anfängt zu bocken und der Reiter findet sich ganz schnell auf dem Boden der Tatsachen wieder.

Ist nur ein Strick da und ziehe ich aus Versehen daran, kann ich nur den Pferdekopf herumziehen. Da mein Pferd dieses Signal aus der Bodenarbeit kennt, wird es auf einem kleinen Zirkel weiterlaufen. Solange ich diesen Strick allerdings nicht benötige, binde ich das Ende ohnehin am Sattelhorn bzw. Vorderzwiesel fest.

Bis jetzt bin ich dahin mitgegangen, wohin mein Pferd wollte, ich war ja nur Passagier. So konnte ich mich ganz auf meinen Partner unter mir konzentrieren, ihn streicheln und loben. Wenn es nun langsam, aber sicher ans Lenken geht, binde ich den Strick vom Sattelhorn los und lasse ihn an der inneren Seite als Führstrick hängen. Sobald mein Pferd einen Richtungswechsel vornimmt, schwinge ich diesen Strick über den Kopf des Pferdes, wechsle die Hand, und schon befindet sich der Strick wieder auf der – neuen – inneren Seite. Dies habe ich bereits beim Aufsteigen geübt.

Das Pferd reagiert auf Gewichtsverlagerung und angelegten Schenkel und weicht mit der Hinterhand.

Wurde mein Pferd bei der Bodenarbeit durch den Flaggenstock und durch das Aussacken genügend vorbereitet, wird es diesen Strick, der von einer zur anderen Seite wechselt, ohne Probleme akzeptieren.

Die Schenkelhilfen

Wenn mein Pferd nun fleißig vorwärtsgeht, klopfe ich mit den Beinen links und rechts am Rippenkasten. Ja, Sie haben richtig gelesen! Erst wenn sich das Pferd in Bewegung befindet, kommen die Schenkel ganz leicht zum Einsatz.

Zum Anreiten benutze ich in erster Linie meine Stimme, indem ich beispielsweise schnalze. In hartnäckigen Fällen klopfe ich mit der Hand auf den Oberschenkel. Oder ich benutze das Ende des Führstrickes, um das Pferd auf Kruppe oder Schulter zu touchieren (man kann auch eine zweite Person in die Mitte stellen). Die Geräusche werden das Pferd animieren loszulaufen, aber meine Schenkel hängen beim Anreiten locker herunter.

Damit möchte ich vermeiden, dass das Pferd gleich am Anfang sauer auf einen Schenkel reagiert. Viele Pferde sind zu früh auf Schenkelhilfen abgestumpft worden und es braucht Zeit und Mühe, sie wieder zu sensibilisieren.

Erstes Biegen und Stellen

Irgendwann lasse ich mein Pferd einen Stopp finden. Indem ich meine Hüfte nicht mehr bewege, biete ich meinem Pferd an, irgendwo im Round-Pen stehen zu bleiben. Dann nehme ich den Führstrick und frage nach der lateralen Biegung. Das bedeutet, dass sich das Pferd nach links oder nach rechts biegt.

Dazu nehme ich den Strick beispielsweise in die linke Hand und fordere ganz leicht eine Anlehnung, sodass etwas Druck auf der Pferdenase entsteht. Und dann warte ich, bis das Pferd mit seiner Nase meiner Hand entgegenkommt. Wenn das Pferd mir nur einen Millimeter entgegenkommt, gebe ich den Druck sofort auf. Ich lobe es selbstverständlich ausgiebig und mache dasselbe noch einmal.

Ich biege mein Pferd immer dreimal rechts, dann dreimal links, sodass es mehrfach ein Bild von jeder Seite bekommt. Gleichzeitig ist es auch ein Test, wie gut unsere Bodenarbeit war. Auch da hatten wir schon eine laterale Biegung eingebaut. Ich darf keinesfalls das Gefühl haben, dass ich den Pferdekopf am Halfter regelrecht »herumziehen« muss. Dann müsste ich im Training ein paar Schritte zurückgehen. Aber unser Pferd kennt diese Übung bereits und antwortet auch vom Sattel aus weich und leicht.

Wenn der Pferdekopf ohne viel Mühe bis zum Reiterbein kommt, nehme ich den Strick in die andere Hand und lasse ihn ganz locker. Ich lobe mit der inneren Hand mein Pferd und gebe ihm ein Gefühl der Sicherheit. Sobald ich mein Pferd auch in der Vorwärtsbewegung und beim Lenken nach der Biegung fragen kann, ist der Zeitpunkt für den »One-Rein-Stop« gekommen.

Wichtig

Erst aufsteigen, wenn Sie sich sicher fühlen. Seien Sie auf »Überraschungen« vorbereitet.

Der One-Rein-Stop

Ziel der Übung

Das Pferd soll dem leichten Druck des Schenkels mit der Hinterhand weichen und so zum Anhalten gelangen.

Die erste Übung legt unser Augenmerk auf die Hinterhand. Die Hinterhand eines Pferdes wird auch gerne als der »Motor« bezeichnet. Von ihm geht jeder Schub und Schwung aus. Ich möchte aber eine Kontrolle über diesen Motor haben und den Schwung und die Kraft für mich ausnutzen.

Die Nase soll dem Zügel weich folgen.

Gleichzeitig ist es auch eine interessante Vorübung zum Lenken. Wenn sich ein Pferd gerne auf die Schulter legt und ich das ganze Gewicht auf dem Gebiss habe, halte ich mich nicht an diesem Fehler auf. Ein Pferd ist immer stärker als der Mensch. Der One-Rein-Stop gibt mir die Möglichkeit, über einen kleinen »Umweg« wesentlich mehr zu erreichen.

Bei jungen Pferden erreiche ich mit dem One-Rein-Stop eine weiche Lenkung, die das natürliche Gleichgewicht weitestgehend erhält. Erst wenn mein Pferd sich an das Reitergewicht in allen Grundgangarten gewöhnt hat, gehe ich zu einer Trense mit Gebiss über.

Bei älteren Pferden, die gelernt haben, ihre Kraft gegen den Menschen einzusetzen, nehme ich mit dieser Übung Schwung aus dem »Motor« und lege so die Basis für eine neue Zusammenarbeit.

Die Vorbereitung

Eine gute Vorübung für den One-Rein-Stop ist das weiche Nachgeben des Pferdes am Zügel oder Führstrick. Wenn mein Pferd den Kopf nach links geben soll, nehme ich den linken Zügel in die linke Hand, komme damit bis zum Mähnenkamm. Das Pferd biegt sich dabei leicht nach links und gibt dem Zügeldruck nach. Ich ziehe nicht am Zügel, sondern lasse ihn weich anstehen und warte, bis mein Pferd diesem Druck nachgibt.

Mit der Zeit wird das Pferd weicher und weicher. Irgendwann muss ich weder am Zügel »ziehen« noch sonst viel Druck ausüben. Ich nehme nur einen Zügel auf und das Pferd ist im Hals so flexibel, dass es mit dem Kopf bis zu meinem Bein herumkommen kann.

Ich möchte nicht, dass sich mein Pferd durch Zug oder Zwang biegt, sondern auf einen leichten Kontakt hin weich nachgibt. Je feiner und leichter dieses Biegen funktioniert, umso leichter wird es mit dem One-Rein-Stop werden.

Der Stop

Beim »One-Rein-Stop« lernt das Pferd, dass ein Zügel und ein Schenkel auf derselben Seite mit der Hinterhand kommunizieren sollen. Ich nehme zum Beispiel den linken Zügel Richtung Mähnenkamm, um das linke Vorderbein zu blockieren. (Das linke Vorderbein »hängt« am linken Zügel, das rechte Vorderbein »hängt« am rechten Zügel.) Während ich also das linke Vorderbein des Pferdes blockiere, lege ich meinen linken Schenkel hinter den Sattelgurt, um das Pferd mit der Hinterhand nach rechts zu verschieben. Dabei ist mein Gewicht ganz leicht nach rechts verlagert – wirklich nur ganz leicht, ich will mein Pferd nicht umwerfen. Sobald das Pferd diesem Druck ausweicht, also mit dem linken Hinterbein unter das eigene Gewicht tritt und mit dem rechten Hinterbein nach rechts geht, nehme ich den Druck des Schenkels weg. Gleichzeitig bleibt mein linker Zügel stehen, bis mein Pferd ebenfalls steht. Darum heißt diese ganze Übung »One-Rein-Stop« (Anhalten mit einem Zügel).

Was möchten wir damit erreichen?

Genau genommen muss ich sagen, was ich eigentlich nicht erreichen will. Ich möchte nicht, dass mein Pferd sich angewöhnt, sich auf das Gebiss zu legen, wenn zwei Zügel daran ziehen. Leider ist oft zu beobachten – nicht nur bei jungen Pferden –, dass die dazugehörigen Reiter mit beiden Zügeln und reiner Muskelkraft versuchen, ihre Pferde anzuhalten.

Für den Zuschauer sind die Folgen gut zu sehen: Die Pferde machen entweder das Maul auf oder legen sich auf das Gebiss, jeweils um diesem Druck zu entgehen. Und für viele Reiter ist diese Handhabung völlig normal, nicht ahnend, welche Probleme damit vorprogrammiert sind.

Mit dem One-Rein-Stop gehe ich in eine andere Richtung. Wenn diese Übung sitzt, kann ich mit einem Zügel und wenig bzw. keiner Muskelkraft mein Pferd anhalten. Ein Pferd wird sich im Normalfall nicht auf einen Zügel legen, sondern den Kopf biegen.

Sollte es trotzdem mal vorkommen, dass ein Pferd versucht diesem Zügel auszuweichen, so wechsle ich einfach die Seite. Wenn ich merke, mein Pferd drückt nach rechts, weil ich den rechten Zügel aufnehme, nehme ich stattdessen den linken Zügel auf und klopfe mit dem linken Schenkel hinter dem Sattelgurt.

Ich kann in diesem besonderen Fall sogar die Kraft des Pferdes für mich ausnutzen. Das ist eine verblüffende Erfahrung für meinen vierbeinigen Partner. Das Pferd bekommt so keine Chance, seine Kraft gegen mich einzusetzen.

Die zwei Hälften des Pferdes

Bei dieser Übung teile ich mein Pferd gewissermaßen in zwei Hälften – in eine vordere und eine hintere. Ich kann meinem Pferd so mitteilen, dass ich mit einem Zügel die vordere Hälfte anhalten kann, während ich die hintere Hälfte – also den »Motor« – umleiten kann.

Der Schwung muss in für mich und das Pferd angenehme Bahnen gelenkt werden. Würde ich bei einem Anhaltemanöver beide Zügel aufnehmen, würde der Schwung in diese Zügel und damit in das Gebiss geleitet werden. Bei unserem One-Rein-Stop weicht der Schwung dem Druck des Schenkels. Ich baue meinem Pferd eine Umleitung, es wird so versuchen, sein Gleichgewicht wiederzufinden, und es wird an einem Zügel anhalten. Der Druck des Schenkels aktiviert die Hinterhand, das Pferd wird angeregt, fleißig unterzutreten, ohne dass ich dazu die Zügel einsetzen muss.

Vor- und Nachteile dieser Übung

Als Nachteil könnte man anführen, dass dabei die Schulter des Pferdes schwer gemacht wird. Allerdings ist der One-Rein-Stop nicht mit einer versammelten Lektion zu verwechseln. Der Zeitpunkt, ein Pferd über Gewicht und Zügel vorne leicht zu machen, um es in eine Versammlung zu reiten, ist noch nicht gekommen. Ich helfe

Ein angelegter innerer Schenkel und ein angenommener innerer Zügel veranlassen das Pferd dazu mit dem linken Hinterbein unterzutreten.

einem Pferd nur, vermehrt unter seinen Schwerpunkt zu treten, kann also damit eine gute Vorübung in Richtung Versammlung schaffen.

In der nächsten Übung, der »Vorder- und Hinterhandkontrolle«, wird auch die Pferdeschulter so mit einbezogen, dass sie wieder leicht gemacht wird.

So wenig wie möglich – so viel wie nötig

Zum Abschluss dieser Übung bleibt nur noch zu erwähnen, dass alles mit der größtmöglichen Leichtigkeit ausgeführt werden sollte. Ganz nach dem Motto: »So wenig wie möglich – so viel wie nötig.«

Reagiert mein Pferd weich und nachgiebig, werde ich es mit der gleichen Nachgiebigkeit belohnen. Legt sich mein Pferd allerdings auf das Gebiss oder drückt gegen meinen Schenkel, muss ich mit der entsprechenden Konsequenz antworten. Mein Schenkel wird so lange zum Einsatz kommen, bis mein Kandidat mit der Hinterhand weicht und nachgibt. Wenn mein Timing stimmt und ich mein Pferd sofort mit Nachlassen des Druckes belohne, werde ich beim nächsten Mal von allem weniger brauchen.

Manchmal muss ich auch Kompromisse eingehen. Dann bestehe ich nicht gleich auf dem perfekten One-Rein-Stop, sondern gebe mich mit ein wenig Verschieben der Hinterhand zufrieden. Wichtig ist wieder, dass alle Schritte ruhig und weich vonstattengehen. Erstes Ziel ist eine weiche und leichte Reaktion der Hinterhand, anschließend kann ich mich auf das Anhalten konzentrieren.

Wichtig

Nach dem One-Rein-Stop kann ich auch nur mit einem Bein kommunizieren. Ich nehme einen Zügel auf, nehme leichten Kontakt mit einem Vorderbein auf und warte, bis das Bein sich einen Schritt zurücksetzt. Es muss auch nicht ein ganzer Schritt sein, es reicht, wenn mein Pferd eine Gewichtsverlagerung macht und nur daran denkt, für mich zu arbeiten. Ich werde jede kleine Veränderung in die richtige Richtung sofort belohnen.

Gönnen Sie Ihrem Pferd zwischendurch immer wieder Verschnaufpausen.

Vorder- und Hinterhandkontrolle

Ziel der Übung

Bei der Vorder- und Hinterhandkontrolle »schalte« ich gewissermaßen das Gewicht von der Vorder- auf die Hinterhand um und erreiche damit, dass das Pferd in der Schulter leicht wird.

Beim One-Rein-Stop haben wir gelernt, dass der linke Zügel am linken Bein und der rechte Zügel am rechten Bein »hängt«. Wir haben auch gelernt, dass der Reiter ein Bein blockieren kann, wenn er die Zügelhand oberhalb der Schulter zum Mähnenkamm führt und dort verwahrt. Das Pferd bleibt auf diesem Bein stehen und nimmt seinen Körper um dieses Bein herum.

Wir haben allerdings auch die Situation geschaffen, dass unser Pferd sein Gewicht auf der Vorderhand trägt. Die Hinterhand ist frei und kann vom Reiter um die Vorderhand bewegt werden. Jetzt wollen wir diese Situation umdrehen. Ziel ist es, dass mein Pferd sein Gewicht auch auf der Hinterhand tragen kann. Aus dem One-Rein-Stop wird jetzt eine Hinterhand- bzw. Vorderhandkontrolle.

So geht's

Ich mache einen One-Rein-Stop und lasse mein Pferd los – allerdings nur ein klein wenig. Die Hand, die das vordere innere Bein blockiert, nehme ich weg vom Sattelhorn bzw. Vorderzwiesel, führe sie etwas nach innen und halte sie ein bisschen höher als vorher, um die Schulter aufzurichten.

Mein innerer Schenkel geht weg vom Sattelgurt, stattdessen kommt mein äußerer Schenkel ganz weich an den Gurt – wirklich ganz sanft.

Was möchte ich erreichen? Ich möchte, dass mein Pferd das innere Bein zur Seite bewegt. **Wichtig:** Das Ziel ist eine Seitwärtsbewegung und keine Vorwärtsbewegung!

Bildlich gesprochen hebe ich wie bei einer Marionette mit einem Zügel das Bein hoch und setze es auch wieder seitlich ab. Versteht mein Pferd diese Aufgabe noch nicht, habe ich zwei Möglichkeiten. Entweder höre ich auf und fange komplett von vorne an oder ich hebe meine Hand noch höher und zupfe leicht am Zügel. Ich mache meinem Pferd die Vorwärtsbewegung unangenehm, bis es das Gewicht auf die Hinterhand legt und einen Schritt zur Seite macht. Dann lasse ich den Zügel sofort los und lobe es ausgiebig.

Ich kann jetzt stehen bleiben oder auch einen Schritt vorwärts machen. Wichtig ist immer der erste Schritt!

Was möchten wir damit erreichen?

Ziel der Vorder- bzw. Hinterhandkontrolle ist es, dass ich wirklich das Gewicht meines Pferdes »umschalten« kann.

Bei der ersten Übung nimmt das Pferd sein Gewicht nach vorne, die Hinterhand wird leicht und geht um die Vorderhand herum. Bei der zweiten Übung setzt sich mein Pferd auf die

Hinterhand, ich kann mit einem Zügel die Schulter heben und zuerst einen Schritt, später auch zwei, drei Schritte zur Seite machen. Wichtig ist es – wie immer –, dass alles mit so wenig Druck wie möglich passiert.

Die Übung wird so lange wiederholt, bis das Pferd willig dem Schenkel weicht und den Zügelhilfen folgt. Wenn der Reiter mit übermäßigem Schenkel- oder gar Sporeneinsatz versucht, seinen Hilfen Nachdruck zu verleihen, erreicht er nur, dass sich das Pferd auf dieser Seite fest macht, und er landet in einer Sackgasse.

Aus seitwärts wird rückwärts

Als Nächstes werde ich dieses Bein nicht nur zur Seite setzen können, sondern auch rückwärts. Mein Pferd kennt das Rückwärtsrichten bereits vom Boden aus. Nun muss ich meinem Pferd durch verständliche Hilfen vom Sattel aus verdeutlichen, was ich von ihm will. Hat es mich verstanden wird eine Rückwärtsbewegung die Folge sein.

Wichtig

Die Vorder- und Hinterhandkontrolle ist eine sehr komplexe Abfolge verschiedener Bewegungen von Pferd und Reiter. Verzweifeln Sie nicht, wenn es nicht sofort perfekt funktioniert! Machen Sie sich erst in einer Art Trockenübung mit diesem Bewegungsab auf vertraut, bevor Sie sich auf ein Pferd setzen, um es auszuprobieren!

Der linke Zügel »setzt« das linke Vorderbein nach links.

Warum ein Ponyhorse nützlich ist

Ziel der Übung

Das Ponyhorse soll die Sicherheit eines erfahrenen Leittiers vermitteln.

Bei meiner Arbeit im Round-Pen brauche ich ab und zu einen verlässlichen vierbeinigen Partner. Dieses Ponyhorse, wie es in Amerika genannt wird, muss ein 100-prozentiges Verlasspferd sein. In erster Linie darf es sich von nichts, aber auch gar nichts aus der Ruhe bringen lassen.

Warum ein Ponyhorse?

Nun, warum setze ich einen »Co-Trainer« ein? Das hat mehrere Gründe.

Ein Ponyhorse bringt Sicherheit und Vertrauen

Dabei kommt mir der Herdentrieb der Pferde zugute. »Da ist jemand, der sich schon auskennt im Round-Pen« – besonders bei jungen Pferden bringe ich so mehr Ruhe in meine Arbeit. Für ein junges Pferd ist es ein gewaltiger Schritt aus der bisherigen Lebenssituation in diesen neuen Lebensabschnitt. Neue Umgebung, neue Menschen – alles ist anders. Da bringt diese kleine Herde ganz viel Vertrauen und Sicherheit in das junge Pferdeleben. Und wie wir alle wissen, ist erfolgreiches Lernen nur in einer entspannten Atmosphäre möglich. Wenn ein entsprechend großer Arbeitsplatz zur Verfügung steht, kann diese kleine Herde auch beliebig erweitert werden. Ich kann fast alle Elemente der Bodenarbeit von einem Ponyhorse aus bewirken.

Motivation für Arbeitsverweigerer

Bei ignoranten Pferden hat sich dabei die Arbeit mit dem Flaggenstock (siehe S. 20) als besonders hilfreich erwiesen. Das sind Pferde, die sich der Arbeit entziehen wollen, indem sie einfach stehen bleiben. Im Schritt könnte ich noch eine Weile mithalten, im Trab oder gar im Galopp sieht das schon anders aus. Als Fußgänger habe ich eben wenige Chancen, ein Pferd durch einen Round-Pen vorwärts zu bekommen, wenn es partout nicht will. Mit einem Arbeitspferd sieht das schon ganz anders aus. Jegliche Arbeit mit Pferden beruht auf dem Prinzip der Bewegung. Sobald diese Pferde gelernt haben, fleißig vorwärtszugehen, können wir zum nächsten Trainingsabschnitt übergehen.

Korrektur von Problempferden

Etwas anderes sind die Problempferde, die zwar laufen, sich aber nicht lenken lassen. In solch einem Fall nehme ich das Pferd an einen Führstrick, lasse diesen ziemlich lang, wickle das Ende allerdings an das Sattelhorn.

Vorsicht: Es sollte in diesem Fall auch wirklich ein Arbeitssattel sein! Bei den meisten Westernsätteln ist das Horn nur Zierde und nicht stabil genug, um einen entsprechenden Zug auszuhalten. Andere Sättel, z. B. englische, sind hierfür nicht geeignet.

Wenn mein Schüler beschließt, während der Arbeit eine andere Richtung einzuschlagen, kommt er nur bis an das Ende des Führstrickes und wird dann vom Gewicht meines Arbeitspferdes ge-

Wie geht es weiter?

Das Anreiten eines Pferdes ist eigentlich nur ein Anfang. Nämlich der Anfang zur gymnastizierenden reiterlichen Weiterbildung von Mensch und Pferd. Wie die nächsten Schritte aussehen können und wobei es bei der korrekten und pferdeschonenden Ausbildung ankommt, erfahren Sie in diesem Kapitel.

Problemfälle aus der Praxis

Leider werden nicht alle Pferde richtig erzogen und schonend und mit Verständnis für ihre Psyche und Instinkte auf die Ausbildung vorbereitet. Daraus resultieren dann leider häufig »Problempferde«. In diesem Kapitel erfahren Sie einiges über mögliche Ursachen und lernen fünf Fälle aus der Praxis von Bernd Hackl kennen.

Optimalfall vs. Realität

Wenn Sie bis hierher gelesen haben, wissen Sie jetzt, wie ein junges Pferd richtig erzogen und auf das Anreiten vorbereitet wird bzw. was bei den ersten Reitversuchen wichtig ist.

Wenn ein Pferd so schonend und mit Verständnis für seine Psyche und seine Instinkte auf die weitere Ausbildung vorbereitet wird, wird sich daran – wenn nicht unvorhergesehene Dinge passieren – ein erfolgreiches Leben als Reitpferd anschließen.

Wenn es einmal nicht optimal läuft

Manche Pferde haben aber nicht so viel Glück: Sei es, dass sie unter ungünstigen Bedingungen aufwachsen, in falsche oder zu unerfahrene Hände geraten oder einfach durch zu viele Hände gehen und lange Transporte und Aufenthalte bei Händlern erdulden müssen. Manche Pferde müssen auch mit traumatischen Erfahrungen, z. B. Unfällen oder Misshandlungen, fertigwerden. Daraus werden dann häufig Problempferde, die ihr Unbehagen und ihr Unglück auf verschiedene Weise ausdrücken:

- durch aggressives Verhalten wie Bocken, Steigen, Beißen
- oder auch durch die Verweigerung der Mitarbeit.

Immer wieder bekommt Bernd Hackl solche Pferde ins Training. Zum Glück für sie, denn den meisten kann er helfen!

Kennen und verstehen Sie Ihr Pferd?

Bevor ich, Carola Steen, Bernd Hackl und seine Arbeit kennenlernte, hatte ich das Glück, Ray Hunt bei seinem ersten und wahrscheinlich auch einzigen Deutschlandbesuch zu begegnen. Dort wurde mir bewusst, dass man viele Jahre, ja sogar Jahrzehnte mit einem Pferd verbringen kann, ohne das Geringste von seinem Wesen zu begreifen.

Menschen haben schnell passende Attribute für ihre Tiere parat: Eine Katze ist eigensinnig, der Hund ist der treue Gefährte und ein Pferd ist edel. So zu sprechen heißt, diese Tiere zu vermenschlichen. Tiere sind so, wie es ihnen der Instinkt und ihre Gene vorgeben. Ihr Verhalten dient in erster Linie dazu, ihre Art zu erhalten. In Deutschland leben etwa 80.000 Hunde in Tierheimen, weil das Wissen um den treuen Gefährten doch nicht ausgereicht hat, um die Basis für ein gemeinsames Leben darzustellen. Und die Zahl der Pferde, die bei einem Händler oder Schlachter abgeladen werden, weil das Zusammenleben in der Praxis schwieriger wurde, als man es sich vorstellte, ist nicht registriert.

In diesem Zusammenhang möchte ich meinen Dank und meinen Respekt ausdrücken vor den Menschen, die uns erlaubt haben, ihre Geschichte und die ihres Pferdes hier abzudrucken. Sie haben viel Zeit und Geduld – und auch viel Geld – investiert, um ihr Pferd kennenzulernen, um in Zukunft besser mit ihm zurechtzukommen. Sie haben sich nicht der Verantwortung entzogen, die sich ergibt, wenn man ein Tier in seine Obhut nimmt.

Die hier abgedruckten Fälle sind nur eine kleine Auswahl aus der Arbeit von Bernd Hackl. Die Besitzer dieser Pferde haben uns ihre – zum Teil sehr persönliche – Geschichte überlassen und meine Aufgabe bestand darin, sie mit dem Arbeitsbericht von Bernd zu verbinden. Dabei habe ich versucht, möglichst wenig zu verändern und das Pferd als Hauptfigur zu würdigen.

Dieses Buch ist jedoch kein Fachbuch zum Thema Reiten, auch wenn das Reiten des Pferdes immer das Ziel ist. Reiterliche Techniken werden – soweit es dazu gehört – erwähnt und erklärt, allerdings in begrenztem Umfang. Wichtiger war es uns aufzuzeigen, wie die Übungen aus der Bodenarbeit und dem täglichen Umgang mit dem Pferd die Missverständnisse zwischen Mensch und Tier ausräumen und die Basis schaffen können für ein friedliches und respektvolles Miteinander.

Zur richtigen Zeit das Richtige tun, ohne aufgestauten Ärger, ohne Frust und Enttäuschung, das unterscheidet den erfahrenen Pferdetrainer vom »normalen« Reiter und Pferdebesitzer. Wie oft habe ich das am eigenen Leibe erfahren müssen! Im Nachhinein muss ich meinen eigenen Pferden Abbitte leisten in Anbetracht der vielen hilflosen Versuche, reiterlich oder auch nur als Bodenpersonal, die selbst gesteckten Ziele zu erreichen.

Zeit und Geduld sind die Schlüssel zum Erfolg sowie die Fähigkeit, sich an noch so kleinen Schritten in die richtige Richtung zu erfreuen.

Was sind ein paar Monate oder ein paar Jahre intensiver Ausbildung gemessen an dem Zeitraum, den ich mit meinem eigenen Pferd verbringen kann?

Die Pferdebesitzer aus unseren Geschichten haben zum Teil noch eine Menge Arbeit vor sich, dank der Vorarbeit durch Bernd Hackl sieht ihre Zukunft – und die ihrer Pferde – aber nicht mehr so düster aus wie vorher.

Allerdings – die Geschichten enthalten kein Patentrezept! Dafür sind die Menschen und auch die Pferde zu verschieden. Die Übungen kann jeder erlernen, das Geheimnis liegt jedoch in dem, was Ray Hunt mit »Timing and Feeling« umschreibt.

Kennen und verstehen Sie Ihr Pferd? Das ist die Basis für eine harmonische Beziehung zwischen Reiter und Pferd.

Warum gibt es überhaupt Problempferde?

Die vielen Problemfälle, die Bernd Hackl und einige seiner Kollegen und Kolleginnen erfolgreich »therapiert« haben, sind nur die Spitze eines Eisbergs.

Ursachenforschung

Viele Reiter und Reiterinnen versuchen, ohne professionelle Hilfe und mit manchmal zweifelhaftem Erfolg mit ihren vierbeinigen Partnern zurechtzukommen. Obwohl Reiten weder zu den preiswerten Freizeitaktivitäten zählt noch einfach zu erlernen ist, erfreut es sich nach wie vor wachsender Beliebtheit.

Warum gibt es dann aber Probleme? Eine einfache und schlüssige Antwort gibt es darauf leider nicht, jedoch können die folgenden Überlegungen ein kleiner Schritt in die richtige Richtung sein und dazu anregen, sich mit dem einen oder anderen Thema näher zu beschäftigen.

Die Ausbildungsskala der deutschen Reitlehre ist die bewährte Voraussetzung für jedes Reitpferd, egal, ob es in seinem Leben als Dressur- oder Springpferd, im Gelände oder als Freizeitpferd eingesetzt wird. Doch sind nur wenige Menschen bereit, sich dieser langwierigen Prozedur zu unterwerfen. Dazu kommt sicherlich, dass in der einen oder anderen Reithalle auch Jahrzehnte nach dem Krieg immer noch ein gewisser »Kasernenhofton« im Unterricht vorherrscht.

Und welcher Mensch verbindet Reiten nicht mit dem Naturerlebnis schlechthin? Das mögen einige der Gründe sein, warum seit vielen Jahren Reitweisen aus anderen Ländern regen Zulauf haben. Mit an vorderster Front ist da das Westernreiten zu nennen.

Es hat sich, wie einige andere Reitweisen auch, aus einer Arbeitsreiterei heraus entwickelt. Zweckmäßigkeit und Sicherheit sind die wichtigsten Regeln dieser Reitweise. Eine einheitliche Reitlehre, wie sie einst im alten Preußen entstanden ist, sucht man dort jedoch vergebens.

Dennoch erkannten schon früh einige weise Horsemen, dass nur der schonende Umgang mit dem »Arbeitskollegen« Pferd zum einen das eigene Überleben sichert, zum anderen auch eine ethische Verpflichtung gegenüber dem vierbeinigen Kameraden ist.

Der moderne Sport- und Freizeitreiter kann heute aus einer Vielfalt an Reitweisen mit den dazugehörenden Ausbildern, Trainingsmöglichkeiten, Büchern, Videos usw. auswählen. Gleichzeitig sucht er aus einer Vielzahl an in- und ausländischen Pferderassen »sein« passendes Pferd heraus. Aber warum scheitern trotz alledem so viele Pferd-Reiter-Verbindungen?

Im Gegensatz zu anderen Sportarten oder Freizeitaktivitäten haben wir es hier mit dem einmaligen Fall eines lebendigen »Sportgerätes« zu tun. Auf der anderen Seite steht ein Mensch, der heutzutage eher selten über die ausreichende Erfahrung im Umgang mit Tieren verfügt. Der heute in Städten lebende Mensch ist weit von der Natur entfernt – auch wenn er sich manchmal mittendrin befindet. Wir können es drehen und wenden, wie wir wollen: Ohne ausreichende Kenntnisse über die »Sprache« unseres Freizeitpartners, ohne Gefühl für seine Bedürfnisse und sein Befinden wird dieser über kurz oder lang Schaden nehmen, und wir unter Umständen auch.

Dieses Buch hat in erster Linie die Praxis im Blickfeld. Jeder Reiter soll in die Lage versetzt werden, mit den Übungen aus der Bodenarbeit und auch mit den Übungen vom Sattel aus einen besseren »Draht« zu seinem Pferd zu finden. Doch jede Bemühung um ein pferdegerechtes Training wird zum Scheitern verurteilt sein, wenn die Rahmenbedingungen nicht stimmen.

Die Rahmenbedingungen müssen stimmen

Pferdehaltung ist ein sehr komplexes Thema. Keinem Pferdebesitzer bleibt es darum erspart, sich mit dem theoretischen Unterbau auseinanderzusetzen, will er nicht – auf lange Sicht betrachtet – die Gesundheit seines Tieres gefährden. Schlechte Haltung oder falsche Fütterung

Egal, ob Sportpferd oder Freizeitpartner, das Bedürfnis nach Licht und frischer Luft haben alle Pferde.

sind nicht immer so ohne Weiteres ursächlich mit den Problemen eines Pferdes in Zusammenhang zu bringen. Manchmal muss man schon genauer hinschauen. Die nachfolgende Aufzählung stellt die am häufigsten vorkommenden Ursachen für die Probleme in Kurzform vor, erhebt aber keinen Anspruch auf Vollständigkeit.

Viel Luft und Licht!

Der Tierschutzparagraph verpflichtet jeden Halter dazu, ein Pferd seiner Art und seinen Bedürfnissen entsprechend angemessen zu ernähren, zu pflegen und verhaltensgerecht unterzubringen, und er darf die Möglichkeit des Tieres zu artgemäßer Bewegung nicht so einschränken, dass ihm Schmerzen, vermeidbares Leiden oder Schäden zugefügt werden.

Wie sind also 23 Stunden Einzelhaft in einer Box zu verantworten? Das wäre so, als wenn ein Mensch diese Stunden auf einem Klo verbrächte, um dann einen 100-Meter-Lauf zu absolvieren. Unsere Pferde sind hoch spezialisierte Lauftiere, ihre Augen mit der großen Rundumsicht, die nach allen Seiten beweglichen Ohren kennzeichnen das Pferd als Fluchttier.

Nur wenn das Pferd keine Möglichkeit hat, rechtzeitig alles wahrzunehmen, neigt es zur bekannten Schreckhaftigkeit. Die Offenstall- oder Gruppenauslaufhaltung ist darum auf dem Vormarsch. Egal, ob das Pferd Partner in der Freizeit ist oder für Arbeit bzw. Sport eingesetzt wird, seine Grundbedürfnisse nach Licht, viel frischer Luft und sozialen Kontakten zu Artgenossen sollten immer wichtigstes Ziel des Besit-

Passt der Sattel? Probleme können auch durch unpassende Ausrüstung entstehen.

zers sein. Ich hinterfrage bei nervösen Pferden auch die Haltungsbedingungen. Der Wechsel von einer Boxen- zu einer Auslaufhaltung bewirkt in der Regel eine positive Veränderung im Verhalten dieser Pferde.

Der Sattel muss passen!

Bei Rückenproblemen oder sogenannten Unwilligkeiten eines Pferdes geht der erste Blick eines versierten Trainers unter anderem Richtung Sattel.

Die Qualen eines schlecht angepassten Sattels sind für uns Menschen wirklich einfach nachzuvollziehen. Stellen Sie sich vor, Sie müssten stundenlang mit zu kleinen oder zu schmalen Schuhen umherlaufen. Egal, für welchen Sattel – passend zur gewünschten Reitweise – Sie sich entscheiden: Dieser muss uneingeschränkt passen!

Wenden Sie sich an einen Ausstatter, dem eine große Anzahl an verschiedenen Sätteln zur Verfügung steht, um den richtigen auf Ihrem Pferd anzupassen. Dabei spielt das geschulte Auge des Fachmannes (oder der Fachfrau) oft eine größere Rolle als die verschiedenen Messsysteme, die zurzeit auf dem Markt sind.

Selbstverständlich sollten Sie den Sattel, der infrage kommt, ebenfalls ausgiebig einem reiterlichen Test unterziehen. Eine weitere interessante Alternative ist ein Sattel, der – angefangen mit dem Sattelbaum – speziell für Ihr Pferd angefertigt wird.

Doch Vorsicht! Denken Sie daran, dass ein Pferd mehrmals seine Form ändern kann, bis es wirklich ausgewachsen ist. Darum ist es immer wichtig, dass der Sattelverkäufer – egal, ob Ihr Sattel von der Stange ist oder »maßgeschneidert« – Sie auch weiterhin betreut und berät.

Warum sticht einige Rösser der Hafer?

Neben den Haltungsbedingungen oder einem schlecht passenden Sattel sollte auch die Fütterung bei der Ursachenforschung in Betracht gezogen werden.

Dazu folgende Geschichte: »Fury«, ein junger QH-Wallach, wird von Bernd angeritten und ist nach kurzer Zeit mit einem Bosal fein und ohne Probleme zu reiten. Zurück im heimischen Stall, gebärdet sich der Wallach jedoch wie ein Mustang, ist unberechenbar und schlecht einzuschätzen. Nach einem schweren Reitunfall befindet sich der Besitzer auf der Intensivstation. Fury scheute bei einem Strauch, in dem sich etwas bewegte, und war daraufhin nicht mehr zu kontrollieren. Bernd ist beunruhigt und will den Wallach wieder abholen.

Bei einem Telefongespräch kommt man auf das Thema Fütterung zu sprechen. Dabei stellt sich heraus, dass das Quarter Horse zweimal am Tag jeweils sechs Liter Hafer bekommt! Bernd empfiehlt, die Rationen stufenweise, aber drastisch zu reduzieren.

Einige Wochen später erhält Bernd den erlösenden Anruf von Furys Besitzer: Pferd und Reiter sind in Ordnung, Fury ist ohne Probleme – sogar nur mit einem Halfter – zu reiten und zu kontrollieren. Auch Balous Schreckhaftigkeit (siehe »Gambling Dance« Seite 121) war zu einem Teil auf zu energiereiches Futter zurückzuführen.

Ohne Huf kein Pferd

Dieser alte Buchtitel von Fritz Rödder sagt alles aus. Leider wird, was Beschlag und Hufschmied angeht, häufig am falschen Ende gespart. Das fängt schon im Fohlenalter an. Die Geschichte von »Dusty« zeigt es in erschreckendem Ausmaß.

Der Wallach entwickelte durch mangelnde Pflege eine Fehlstellung, die fast zur Unreitbarkeit dieses Pferdes geführt hätte. Aber auch bei »normal« gestellten Pferden wird der Schmiedetermin gerne noch ein bisschen hinausgezögert, um die Zusatzkosten niedrig zu halten. Doch jeder Millimeter Horn zu viel am Huf vergrößert den Auffußwinkel, der das Bein in eine unnatürliche Stellung zwingt und die Sehnen belastet.

Und ob beschlagenes Pferd oder Barfußläufer, ist keine Frage des Glaubens, sondern hängt von so vielen Faktoren ab, die sachlich und besonnen abgewogen werden sollten.

Würmer & Co.

Stall- und Weidehygiene stehen in einem engen Zusammenhang mit der Gesundheit eines Pferdes. Nasse Einstreu und kotverseuchte Matschausläufe leisten nicht nur Mauke und Strahlfäule Vorschub, sondern unterstützen ebenso die Ausbreitung verschiedener Parasiten.

Mit ein paar Würmern wird jedes gesunde Pferd fertig. Wenn jedoch der Wurmbefall zu stark ist, können chronische Schäden die Folge sein.

Stall- und Weidehygiene ist für die Gesundheit des Pferdes unabdingbar. Regelmäßiges Abmisten der Weide hilft zum Beispiel Wurmbefall vorzubeugen.

Planloses und häufiges Entwurmen bewirkt eher die gefürchtete Resistenz gegenüber den gängigen Mitteln.

Die wirksamsten Präparate der pharmazeutischen Industrie ersetzen weder Stall- noch Weidehygiene. Also kommt der verantwortungsbewusste Pferdebesitzer nicht darum herum, mit Schubkarre und Mistboy loszuziehen und den Auslauf oder seine Weide regelmäßig abzumisten.

Auch Pferde können sich langweilen

Hat man nun sämtliche Dinge, die zu einer artgerechten Pferdehaltung gehören, im Griff, inklusive der passenden Ausrüstung und der Gesundheit des geliebten Rosses, dann kann es trotzdem passieren, dass ebendieses Ross die Zügel selbst in die Hand – pardon, den Huf – nimmt.

Dazu folgende Geschichte: Gauner, der Weidekumpel von Alaa El Din (s. S. 128), ist ein solch schlaues Ross. Gauner ist ein brauner Arabo-Haflinger, der anderthalbjährig zu seinen jetzigen Besitzern kam. Nachdem Alaa erfolgreich von Bernd trainiert wurde, war klar, dass Gauner auch von ihm zugeritten werden sollte.

Gauner würde man nicht unbedingt als Problempferd bezeichnen, auch wenn seine Ungeduld und seine Neugierde die Besitzer auf manch harte Probe stellten. So fielen schon etliche Abschwitzdecken seinen Zähnen zum Opfer. Sein Glanzstück war jedoch der Härtetest für ein Paar Qualitätsgamaschen. Die bekam er nämlich in Anbetracht seines Trainings bei Bernd ganz neu angepasst.

Den Rest muss man sich ungefähr so vorstellen: Gauner senkte den Kopf, betrachtete seine neuen Schoner eine kurze Weile, um sie dann stückchenweise von seinen Vorderfüßen zu rupfen.

»Nomen est omen« – sein Name sagt alles aus. Auch während der übrigen Zeit stellte er die Nerven des Trainers auf eine harte Probe. Für Gauner war alles ein großes, lustiges Spiel und Bernd brauchte seine ganze Trickkiste, um dem kleinen braunen Burschen die Regeln des Alltags näherzubringen.

Sorgen Sie daher stets für genügend Abwechslung, um Langeweile bei Ihrem Pferd gar nicht aufkommen zu lassen.

Abwechslung im Training macht Spaß und hilft Langeweile beim Pferd zu verhindern.

Fall 1: Max wird gebändigt

In dieser Geschichte geht es um einen Haflinger. Die netten Gebirgspferde mit ihren zumeist blonden Mähnen haben ihren Ursprung in Südtirol. Es handelt sich um eine vergleichsweise junge Rasse. Um 1874 ist im Vinschgau ein Hengstfohlen geboren worden, das als Begründer dieser Rasse gilt.

Seit Jahren stehen die Haflinger zahlenmäßig an der Spitze der gesamten Kleinpferdezucht in Deutschland. Durch Zuchtselektion ist aus dem ehemaligen Trag- und Zugpferd ein vielseitiges Pferd für Freizeit und Sport – sowohl vor der Kutsche als auch unter dem Sattel – geworden.

Die Schattenseiten des Ruhms

Seine enorme Verbreitung mit teilweise erheblichen Populationsstärken ist gleichzeitig sein Verhängnis. Haflinger, die dem absoluten Zuchtziel in Bezug auf Farbe und Aussehen nicht entsprechen, sind sehr preiswert zu erwerben. Damit ist dem Missbrauch Tür und Tor geöffnet.

Jeder Pferdekenner hat noch die Schlagzeilen vor Augen, die von dem Elend der Haflingerabsetzer auf süddeutschen Viehmärkten berichteten. Wird ein solches Pferdchen aus Mitleid gekauft, um ihm den Transport in italienische Schlachthöfe zu ersparen, ist sein Leidensweg deswegen noch lange nicht zu Ende. Manchmal sind die rettenden Hände nicht unbedingt fachkundige Hände. Aus einem niedlichen Absetzer wird aber so sehr schnell ein kräftiges Pferd, das sich mit allen ihm zur Verfügung stehenden Mitteln zur Wehr setzt.

Max – ein Haflinger mit Geschichte

Leider entsprach Max voll und ganz dem weitverbreiteten Klischee eines sturen, absolut unmöglichen Exemplars dieser Rasse. Recherchen haben ergeben, dass auch Max durch mehrere Hände gewandert ist, bis er 13-jährig zu Julia und Mareike kam.

Unter den Vorbesitzern müssen auch Menschen gewesen sein, die ihren ganzen Frust und ihre Komplexe an dem Tier ausgelassen hatten. Es gibt Pferde, die sich nach Misshandlungen aufgeben, stoisch und sehr misstrauisch werden. Max hat sich gewehrt, er hat gebissen und gezielt ausgeschlagen. Ponys sind dafür bekannt, dass sie sich nicht so schnell einschüchtern lassen.

Aus einem Traum wird ein Albtraum

Die beiden Schwestern Julia und Mareike reiten seit Kindertagen und verbringen ihre ganze Freizeit mit Pferden. Nach langem Sparen wollen sich die beiden endlich ein Pony kaufen. Zu dieser Zeit hatte eine Bekannte der Familie das Abitur gemacht, ging studieren und der besagte Max – damals dreizehn Jahre alt – war sozusagen übrig. Man sagte zwar, dass er schwierig sei und man ihm ab und zu zeigen müsse, »wo der Hammer hängt«.

Doch Max übertraf alle menschenmöglichen Vorstellungen! Er hatte sämtliche Tricks und Kniffe auf Lager, um sich der Arbeit und sonstiger Verpflichtungen eines Freizeitponys zu entziehen.

Max liebt seine Koppel und alles, was sein Reich betritt, ist ein erklärter Feind. Bald merkt er, dass es mit Arbeit verbunden ist, wenn er seine Koppel verlassen muss. So kommt es, dass er anfängt sich zu wehren. Er geht auf Julia und Mareike los. Galoppiert zum Teil sogar auf sie zu, um sich im letzten Moment umzudrehen und nach ihnen auszuschlagen. Anschließend sucht er das Weite.

Die Schwestern sind mit den Nerven am Ende. Sie überlegen sich, wie sie ihr Pony überlisten können. Sie nehmen ein anderes Pferd mit und laufen so zu Max. Das klappt zunächst auch. Er lässt sich das Halfter überziehen, allerdings muss man das Führseil über die Nase spannen, sonst wäre er wie der Blitz doch gleich wieder abgehauen.

Nachdem Julia und Mareike ihr Pony mit Gerte und Führseil ein wenig in den Griff bekommen haben, fängt Max an, auf andere Leute loszugehen, wenn die ihr Pferd von der Koppel holen wollen. Das kann natürlich kein Dauerzustand bleiben und die Mädchen sind nahe dran, Max wegzugeben. Als letzte Maßnahme beschließen sie, ihn jeden Tag so lange zu reiten, bis er so erschöpft ist, dass er keine Lust mehr hat, jemanden zu ärgern.

Alle Einsteller in dem Stall bekommen die Anweisung, eine Gerte mitzunehmen und die auch zu benutzen, wenn sie auf Max' Koppel müssten. Tatsächlich geht diese Rechnung auf!

Was sich zunächst vielleicht noch spaßig anhört, wird aber langsam doch zu einem ernsten Problem. Die Gefahr, die von solchen Pferden ausgeht, wird nur zu gerne unterschätzt und heruntergespielt. Aber der glückliche Zufall führt die Familie und Max zu einem Wochenendkurs mit Bernd Hackl.

Max bekommt noch eine Chance

Auch Bernd – obwohl schon einiges gewohnt – staunt nicht schlecht. Er und alle anderen Leute erklären die Familie für verrückt, so ein Pferd zu halten. Inzwischen wollen Julia und Mareike ihr Pony aber nicht mehr hergeben, und so erklärt Bernd sich damit einverstanden, Max in Beritt zu nehmen.

Max heute. Früher wäre das undenkbar gewesen.

Jeder »Beritt« fängt am Boden an. Bernd möchte zuerst eine Beziehung zu dem Tier aufbauen, eine natürliche Mischung aus Vertrauen und Respekt etablieren. Aber Max hält von einer Zusammenarbeit irgendwelcher Art überhaupt nichts. Schon in der Box versucht der Haflinger, Bernd anzugreifen. Deswegen kommt Quarter-Horse-Wallach Bill als Co-Trainer zum Einsatz. Von einem anderen Pferd aus ist das Training erst mal ungefährlicher und die erhöhte Position flößt Respekt ein.

Nach etwa zwei Wochen erkennt Max, dass es auch für ihn ein Nachgeben und Weichen gibt, und er wird erst mal das, was Bernd »halfterführig« nennt. Fortan kann Bernd die Bodenarbeit auch wirklich vom Boden aus weiterführen.

Max versucht zwar immer wieder, sein Gewicht einzusetzen, indem er Bernd anrempeln möchte. Aber Bernd nutzt derartige Situationen für sich aus. Er lässt ihn immer wieder ins Leere laufen und mit Vorder- und Hinterhandkontrolle lenkt er die Energie in für ihn angenehme Bahnen.

Bald kommt der Zeitpunkt, an dem es reiterlich weitergehen soll. Normalerweise benutzt Bernd am Anfang ein Snafflebit, also eine ganz normale Westerntrense. Doch bei einem älteren Pferd, das nie gelernt hat, ein Gebiss anzunehmen, ist die Sensibilität im Maul kaum noch vorhanden. Für eine gebisslose Zäumung ist Max zu heftig und zu unsensibel. Also muss Bernd in diesem besonderen Fall zuerst zu einem Korrekturgebiss greifen. Ein solches Gebiss wird nur innerhalb einer begrenzten Zeit benutzt, danach sollte beim Pferd die Aufmerksamkeit für eine normale Trense da sein.

Auch beim Reiten sucht Max bei ungeliebten Aufgaben sein Heil in der Flucht, doch die Kontrolle seiner Hinterhand bringt ihn schnell wieder in die Spur und erinnert ihn daran, dass der Chef im Sattel sitzt. Mit der Zeit wird aus dem sturen Pony ein passables Reitpferd. Jetzt ist die Zeit gekommen, um Max zu testen. Draußen im Gelände sind derartige Tests riskant und nicht anzuraten. Bernd wählt dafür die Cutting-Maschine. Eine Stoffkuh flitzt auf Drähten hin und her. Das ist für jeden Reiter, der auf einem Pferd sitzt, das gelernt hat, seinen Fluchtinstinkt zu benutzen, der reinste Horror. Bernd kommt in Rekordzeit von einem Ende des Reitplatzes zum anderen. Aber Max ist auch ein neugieriges Pony. Die Kuh zu kontrollieren ist eine interessante Aufgabe. Ungefähr dreimal in der Woche arbeitet Bernd mit Max an der künstlichen Kuh und der Haflinger lernt, seine Kraft für etwas Sinnvolles einzusetzen.

Der erste Schritt ist gemacht

Nun arbeiten Julia und Mareike sehr viel mit ihm. Sie besuchen mit Max weiterhin Wochenendkurse bei Bernd oder nehmen auch mal ohne Max Reitunterricht. Ohne Bernds Hilfe würde es Max heute wohl nicht mehr geben! Und es macht allen wahnsinnig Spaß, nach Bernds Trainingsmethoden mit Max zu arbeiten, weil man auch merkt, dass er will und mitzieht.

Jetzt ist Max am Anfang dessen, was aus einem umgänglichen Pony ein weiches und zuverlässiges Reitpferd machen wird. Man muss nun anfangen, Hilfen zu verfeinern und mit wenig viel erreichen. Das geht allerdings nur, wenn die viel beschriebene Basis vorhanden ist, auf die man aufbauen kann.

Fall 2: Gambling Dance – ein Connemara-Pony macht Karriere

Der Landstrich Connemara im Westen von Irland ist von einzigartiger Schönheit und Wildheit. Das Leben in Connemara ist karg, unwirtlich und manchmal sogar feindlich für seine Bewohner. Diese Landschaft hat ein Pony hervorgebracht, das seit Urzeiten als Reit- und Arbeitspony genutzt wird.

Connemaras sind eher große Ponys, so zwischen 140 bis 148 cm Stockmaß. Mit ihrer Vielseitigkeit bieten sie sich für die ganze Familie und für jede Reitsportdisziplin an.

Obwohl die ersten Connemaras bereits in den sechziger Jahren in Deutschland auftauchten, ist ihre Fangemeinde immer noch relativ klein.

Die Geschichte von Gambling Dance

Connemara-Ponys erleiden oft ein ähnliches Schicksal wie die Tinker (siehe Seite 124). Skrupellose Händler verfrachten sie auf dem Schiffsweg von Irland nach Deutschland und da stehen sie auf irgendwelchen Stationen, bis ein interessierter Käufer vorbeikommt.

Auch Gambling Dance, genannt Balou, kam zuerst zu einem Händler und später zu einer jungen Frau. Doch die verlor irgendwann das Interesse an ihm, und so kam der schwarze Wallach zu Sabrina. Erst als Reitbeteiligung und nach etwa acht Wochen wurde er ihr zum Kauf angeboten. Sabrina und ihre Eltern hatten wenig Erfahrung mit Pferden und erkannten die Probleme erst nach dem Kauf.

Balou war ausgesprochen nervös, schreckhaft und rücksichtslos gegenüber Menschen. Er ließ sich nur widerwillig führen und während der Futterzeit war an Reiten gar nicht zu denken. Außerdem erwies er sich bald als Steiger und Durchgänger.

Zu dieser Zeit kamen zwei Westernreiter, die von Bernd Hackl ein Pferd gekauft hatten, auf Balous Hof. Nach einigen klärenden Gesprächen stand fest, dass das Pony zu diesem Bernd Hackl kommen sollte. Zuerst fährt die Familie ohne ihn zu Bernd und informiert sich über seine Ausbildungsmethoden. Kurz darauf kommt Balou in ein Training, vermutlich das erste in seinem Leben.

Training mit System

Bernd legt zuerst einmal großen Wert auf die Halfterführigkeit eines Pferdes. Wie sich auch bei Balou herausstellt, ist das, wie so oft, der Schlüssel zu einer ganzen Reihe von Problemen. Das Aufzirkeln im Round-Pen veranlasst Balou, weicher zu werden und mehr auf den Menschen zu hören. Mit Plastikplanen und anderen »schrecklichen« Dingen versucht Bernd, Balous Schreckhaftigkeit in den Griff zu bekommen. Trotz aller Bemühungen bleibt dieser

Punkt lange Zeit ein Problem – bis zu einem Schlüsselerlebnis, aber dazu später.

Die Arbeit unter dem Sattel

Nachdem Balou sämtliche Stationen der Bodenarbeit mehr oder weniger erfolgreich absolviert hat, kommt die Arbeit unter dem Sattel. Immerhin ist Balou von seinen Besitzern auch schon im Gelände geritten worden.

Doch da erlebt Bernd eine Überraschung: In der Hohen Schule spricht man von einer Courbette, wenn das Pferd sich auf die Hinterbeine erhebt und auf diesen über den Reitplatz hüpft.

Doch Bernd hatte im Moment derlei Klassisches nicht im Sinn. Bei der nächstbesten Gelegenheit steigt er ab und versucht vom Boden aus, die Hinterhand unter Kontrolle zu bringen. Dann steigt er wieder auf und – sobald Balou nur im Ansatz eine »verdächtige« Bewegung macht – verschiebt Bernd die Hinterhand, um dem Pferd keinerlei Chance zum Steigen zu geben. Jede fleißige Vorwärtsbewegung wird gelobt, jeder Ausbruch – egal, in welche Richtung – wird mit einem Verschieben der Hinterhand beantwortet. Balou lernt schnell und ist kooperativ, nur seine Schreckhaftigkeit bereitet Kopfzerbrechen.

Daheim ist Balou das Schlusslicht in seinem Herdenverband. Sein mangelndes Selbstbewusstsein scheint auch der Grund für seine extreme Schreckhaftigkeit zu sein. Selbst mit häufigem Aussacken ist er nur sehr schwer unter Kontrolle zu bringen. Bis zu jenem Tag, als der kleine Connemara-Wallach seinen großen Auftritt hat.

Das Schlüsselerlebnis

Bernd arbeitet mit ihm in der Reithalle, als ein anderes Pferd sich trotz Reiter anschickt, alles in dieser Halle niederzuwalzen, was im Wege ist. Balou sieht dieses Pferd auf sich zukommen, weicht trotz Bernds Bemühungen aber nicht, sondern reißt den Kopf hoch und verpasst dem anderen Pferd von oben eine »Kopfnuss«. Die QH-Stute stoppt und bleibt verdutzt stehen.

Von diesem Tag an ist Balous Selbstbewusstsein um ein Vielfaches gestiegen. Jetzt ist für Bernd die Sache klar: Dieses Pony ist im Grunde genommen immer unterfordert gewesen, und er überlegt sich, wie man das ändern kann.

Aus einem »Verbrecher« wird ein Ponyhorse

Balou, der ehemalige »Verbrecher«, setzt seine Ausbildung als Ponyhorse fort. Zuerst natürlich die etwas leichteren Sachen wie »Vorder- und Hinterhand verschieben« bei einem anderen Pferd.

Als Bernd merkt, wie begeistert der kleine Wallach bei der Sache ist, werden die Aufgaben schwerer. Rückwärtsrichten und Abblocken anderer Pferde – Balou wächst an diesen Aufgaben. Zum Schluss muss Bernd sich überhaupt nicht mehr um sein Arbeitspferd kümmern, Balou erledigt kleinere Dinge ganz alleine, er erkennt seine Chancen im Round-Pen.

Wenn zum Beispiel das Trainingspferd sich durch Rückwärtsgehen der Aufgabe entziehen will, legt er seinen Kopf auf dessen Hinterteil und wenn das nichts nützt, wird auch mal herzhaft reingezwickt. Es ist wirklich unglaublich!

Später – als Balou längst zu Hause ist – denkt Bernd noch oft an ihn, wenn er schwierige Situationen im Round-Pen hat. Denn der QH-Wallach, der heute als Ponyhorse arbeitet, war damals noch zu jung, um allen Aufgaben gerecht werden zu können.

Die Ausbildung hinterlässt Spuren

Als der Connemara-Wallach dann letztendlich heim soll, muss Bernd der Besitzerin erklären, dass eine Ponyhorse-Ausbildung nicht spurlos an einem Pferd vorbeigeht. Keiner nimmt dies richtig ernst, aber kaum daheim angekommen, stürmt Balou in seine Herde und mischt sie erst mal gründlich auf. Er, der immer das Schlusslicht der Gruppe gewesen ist, avanciert zum Chef.

Heute ist Balou ein absolutes Verlasspferd, egal, ob Halle, Platz oder Round-Pen sein Arbeitsplatz ist. Nur im Gelände fehlt ihm manchmal noch ein wenig Selbstvertrauen. Aber im Großen und Ganzen ist er ein echter Kumpel der ganzen Familie geworden.

Gambling Dance, das verkannte Ponyhorse.

Fall 3: Sir John – der ängstliche Tinker

Tinker finden aufgrund ihrer Ruhe, Zuverlässigkeit und Ausgeglichenheit immer mehr Liebhaber in der deutschen Freizeitreiterszene. Außerdem sind viele wegen ihrer Kompaktheit und des guten Fundaments ausgesprochene Gewichtsträger.

Die Geschichte der Rasse

In der Zeit des Barocks waren gefleckte Pferde beliebt, später waren Schecken in fast allen europäischen Zuchten unerwünscht und wurden entweder geschlachtet oder an das fahrende Volk verschenkt. Das fahrende Volk in Irland wurde »Tinker« (= »Kesselflicker«) genannt. Tinker war und ist eher eine abfällige Bemerkung.

In der Herde fühlt sich Sir John am wohlsten.

Ihre Planwagen, auf denen ihr gesamtes armseliges Hab und Gut untergebracht war, wurden von diesen gemütlichen Pferden – oft im Verband mit Eseln – gezogen. Die Fohlen wuchsen mit den Kindern innerhalb der Familie auf und waren dementsprechend menschenbezogen.

Überliefert ist ihre herausragendste Eigenschaft, bei Gefahr nicht panisch davonzustürmen, sondern eben stehen zu bleiben und abzuwarten, was sich ergibt. Diese Eigenschaft war lebensnotwendig, wollten doch die Kesselflicker nicht ihren Wagen mit dem ganzen Hausrat verlieren.

Mit all diesen Eigenschaften bieten sich die Tinker für Freizeitreiter, die es etwas gemütlicher wollen, geradezu an. Vor ein paar Jahren war die Nachfrage allerdings größer als das Angebot und dem Missbrauch damit Tür und Tor geöffnet.

Heutzutage wachsen viele Tinker auf großen Weiden halbwild auf und haben demzufolge wenig Kontakt mit Menschen. Wie man sich unschwer vorstellen kann, lassen Pflege und Versorgung dieser Pferde zu wünschen übrig. Händler kaufen auf Pferdemärkten in Irland oder England alles auf, was gescheckt ist. Diese Tiere werden dann auf eine lange und oft nicht tierschutzgerechte Reise per Schiff in die Niederlande oder nach Deutschland geschickt. Bis so ein Pferd dann endgültig bei einem verständnisvollen Menschen angekommen ist, kann noch viel Zeit ins Land gehen.

Ein gemütliches Freizeitpferd für Gabi

Gabi ist auf der Suche nach einem ruhigen und gemütlichen Freizeitpferd. Gewichtsträger soll es sein, gerne etwas älter, und angenehme Gänge soll es haben. Ebenso ein richtiges »Schaukelpferd«, das mit ihr durch dick und dünn geht.

Nach dem Studium verschiedener Bücher und Zeitschriften stößt sie auf die Tinker. Genau das ist es! Eine Anzeige in einem Fachmagazin für Pferdean- und -verkauf macht Gabi neugierig und sie schaut sich diesen Stall näher an. Der erste Eindruck ist ordentlich, die Pferde stehen in Boxen mit Paddocks und auch ansonsten scheint es mit rechten Dingen zuzugehen. Eine Tante dieser Händlerin – heißt es – holt Irish Tinker direkt und persönlich aus Irland. Die Inserentin der Anzeige vermittelt diese Pferde nur hier in Deutschland. Leider kann Gabi ihren Tinker wegen fehlender Unterstellmöglichkeit nicht gleich mitnehmen. Kein Problem, scheint ihr der Stall doch ordentlich geführt. Auch bei den folgenden Terminen – allerdings mit Voranmeldung – fällt Gabi nichts Außergewöhnliches auf. Als sie dann endlich ihren Sir John abholen will, trifft sie der Schlag. Da stehen fünf Pferde dicht gedrängt in einer Box im knöcheltiefen Mist und alles befindet sich in einem katastrophalen Zustand. Eine haarsträubende Geschichte dient als Entschuldigung. Gabi schnappt sich ihren Sir John und der stürmt mit ihr geradezu in den Hänger, als ob er froh sei, von diesem Ort erlöst zu werden.

Daheim angekommen, steht er wochenlang nur in einer Ecke der Box. Seine Muskeln sind so verspannt, dass sie sich im Stehen an der Hinterhand wie ein Herz abbilden. Mithilfe zweier Freundinnen gelingt es Gabi, einen Zugang zu diesem Pferd zu finden. Man versucht es mit Massagen und TTouches, aber jede unbekannte Berührung versetzt Sir John in Panik. An einen Schmiedetermin ist gar nicht zu denken, obwohl seine Hufe in einem desolaten Zustand sind. Wie sich bald herausstellt, ist ihr siebenjähriges »Verlasspferd« allerhöchstens viereinhalb Jahre alt und vollständig roh.

Die Ausbildung geht weiter

Nach einem Jahr ist Sir John im Umgang so weit gefestigt, dass an ein Anreiten zu denken ist. So kommen beide zu Bernd Hackl. Das Misstrauen gegenüber Männern ist bei diesem Pferd stark ausgeprägt. Er ist schreckhaft, Bernd kann nur sehr vorsichtig mit ihm umgehen. Da Bernd nur schwer Zugang zu diesem Pferd findet, geht er mit seinem Co-Trainer, QH-Wallach Bill, und Sir John in den Round-Pen. Dort longiert er den scheuen Tinker und treibt ihn im Schritt vorwärts, bis Bernd seine Aufmerksamkeit hat. Immer wenn Sir John die beiden anschaut, wird er in Frieden gelassen. Ganz langsam fasst Sir John Vertrauen. Dann wird er mit Halfter und Führstrick an das Sattelhorn fixiert, und Bernd kann vorsichtig mit dem Aussacken beginnen. Zuerst mit einem Pullover, bald mit einer Jacke, dann mit einem Pad und auch mit dem Fähnchenstock.

Die Bodenarbeit

Nachdem auch diese ungewöhnlichen Berührungen für Sir John Alltag sind, kann Bernd endlich auch vom Boden aus arbeiten. Er stellt seinen Bill aber immer noch als Kumpel mit in den Round-Pen, um Sir John nicht zu verunsichern. Tatsächlich kommt der Tinker nicht nur auf Bill zu, sondern auch auf Bernd. Sehr langsam lernt das Pferd, dass es auch Männer gibt, denen er vertrauen kann. Im Verlaufe des Aussackens nimmt Bernd das Rope dazu, um an den Füßen zu arbeiten. Die Hufpflege ist ja ebenfalls ein schwieriges Unterfangen bei diesem Pferd.

In der ersten Zeit des Beritts können nur Bernds Frau oder eine Praktikantin seine Hufe auskratzen. Auf Männer reagiert er panisch und schlägt sofort aus. Durch das Aussacken und durch die Arbeit mit dem Rope bekommt man diese Probleme in den Griff. Dann geht es endlich ans Satteln. Dazu holt Bernd sich wieder ein paar Herdenkollegen in den Round-Pen und Sir John läuft jetzt mit Sattel dort mit und gewöhnt sich – gewissermaßen ganz nebenbei – daran. Damit es zu keinen Rangeleien oder gar Schlägereien kommt, stellt Bernd vorher von seinem Ponyhorse aus eine Rangordnung her. Manchmal sind sechs Pferde im Round-Pen und Sir John fühlt sich wohl, da die anderen ja auf ihn aufpassen.

Die Reitausbildung

Nach dem Satteln kommt das Aufsteigen. Bernd gewöhnt Sir John Schritt für Schritt daran, dass ein Mensch auf ihm Platz nehmen wird. Doch Sir John findet diese Idee nicht gut. Sobald Bernd im Round-Pen auftaucht, versteckt sich der Tinker hinter seinen Teamkollegen. Also muss Bill wieder ran. Zum Teil an der Hand, manchmal auch auf Bill sitzend, treibt Bernd Sir John von den anderen weg und gibt ihm erst mal Arbeit. Langsam kommt erst die Aufmerksamkeit, dann auch wieder das Vertrauen zurück.

Vorerst begnügt sich Bernd damit, auf Sir John aufzusteigen, um gleich wieder abzusteigen. Entgegen der sonstigen Gewohnheit gibt es Heu im Round-Pen, damit Sir John sich wohlfühlt, obwohl ein Mensch auf ihm draufsitzt.

Bei diesem Pferd wird mit allen alten Horsemen-Tricks gearbeitet. Es geht einfach darum, ein möglichst »normales« Pferd aus ihm zu machen. Auch die Reitstunden absolviert Sir John in einer kleinen Herde von Berittpferden. Bei keinem Pferd kann man diese Veränderung so intensiv beobachten wie bei diesem misstrauischen Tinker. Reitet Bernd mit ihm allein, bleibt der Schecke argwöhnisch und verspannt. Eine schlechte Ausgangslage, um etwas zu lernen. Ist Sir John aber in der Pferdeherde, entspannt er sich und ist offen für alles Neue. Wenn Bernd mit ihm andere Pferdekollegen zur Seite schiebt oder eine andere Ordnung in der Herde aufstellt, gibt Sir John das ein ganz neues Selbstbewusstsein. Auf einmal macht Reiten einen Sinn, die Arbeit macht ihm sichtlich Spaß.

Als Bernd zu weiterführenden Übungen wie dem One-Rein-Stop übergehen will, macht Sir John den Hals steif und sucht sein Heil in der Flucht. Als erste Maßnahme stellt Bernd ihn von Halfter und Strick auf ein Gebiss um.

Damit kann Bernd an der Nachgiebigkeit nach links und rechts arbeiten. Sobald aber der Schenkel oder ein Sporen hinter den Sattelgurt kommt, macht Sir John die Hinterhand steif und nichts geht mehr. Häufig ist das eine Situation, in der viele Reiter aufgeben. Sie gehen lieber der Konfrontation aus dem Wege, gehen mit ihrem Pferd ein »gentleman's agreement« ein.

Aber stellen Sie sich vor, Sie stehen mit Ihrem Pferd an einer Straße und es kommt ein 40-Tonner vorbei. Pferd und Reiter müssen sich in einem solchen Moment einig sein. Geduld steht zwar an allererster Stelle im Training, aber ab und zu muss Bernd seinen Willen durchsetzen und dem Pferd dort eine Grenze setzen, wo es um die Sicherheit geht. Er war zwar mit Sir John noch nicht im Gelände, doch solange er sich nicht sicher sein kann, dass sein Pferd dort anhält, wo er es möchte, wird er es auch nicht darauf ankommen lassen.

Auf dem Reitplatz arbeitet Bernd so lange an der Nachgiebigkeit der Hinterhand, bis Sir John verstanden hat. Ausdauer und eine gewisse Sturheit seitens des Reiters sind der Schlüssel zum Erfolg. Leider ist die Nachgiebigkeit im Hals immer noch nicht zufriedenstellend. Bernd reitet sehr viele Volten und Kontervolten (Außen-, Innenstellung) mit Sir John. Das trainiert die Geschmeidigkeit der Halsmuskulatur und über die verbesserte Kontrolle der Hinterhand wird das Pferd insgesamt wesentlich lockerer.

Der einzige Schwachpunkt, der am Ende des Beritts übrig bleibt, ist der Galopp. Pferde, die im Kaltbluttyp stehen, tun sich in aller Regel auch schwer damit, werden sie doch für ganz andere Zwecke gezüchtet. Möchte man ein schweres Pferd in einer angenehmen Galoppade reiten, muss man sich auf langes, geduldiges Gymnastizieren einstellen. Bernd bedauert es sehr, dass Gabi, die Besitzerin von Sir John, in dieser Zeit keine Möglichkeit findet, ihr Pferd zu reiten. Es wäre sehr hilfreich gewesen, wenn sie von ihm eine Anleitung für die weitere Arbeit zu Hause erhalten hätte.

Abschließend bleibt leider festzustellen, dass Sir John nicht die für Tinker typische Eigenschaft besitzt, bei Unbekanntem einfach stehen zu bleiben und abzuwarten, was sein »Rudelführer« angibt, sondern in panischer Angst davonrennt. Das bedeutet für den Reiter, dass er einen sicheren Sitz und gute Nerven haben muss. So wird Sir John inzwischen nicht von Gabi geritten, sondern von einer jungen Stallkollegin, die diese wichtigen Eigenschaften besitzt, und so dem Pferd vermitteln kann: »Es ist alles im grünen Bereich.«

Bernd und Sir John.

Fall 4: Alaa El Din, ein ungeahntes Cutting-Talent

Kaum eine andere Rasse hat den Werdegang anderer Pferderassen so beeinflusst wie der Araber. Sie gelten als besonders menschenbezogen und gelehrig.

Dorothea will sich ganz bewusst ein junges, noch nicht gerittenes Pferd kaufen, um es nach ihren Vorstellungen ausbilden zu lassen. Außerdem soll es noch nicht durch zu viele Hände gegangen sein. Alaa ist zweieinhalb Jahre alt, stammt von einem kleinen, privaten Züchter und ist in Offenstallhaltung aufgewachsen. Damit sind alle guten Voraussetzungen geschaffen, wie Dorothea hofft.

Ausbildung mit Hindernissen

Nachdem Alaa drei Jahre alt ist, bringt Dorothea ihn auf eine große Westernreitanlage zum Anreiten. Bis dahin übt sie den ganz normalen Umgang mit ihm. Hier stellt sich bereits heraus, dass er sehr schwierig ist: Er lässt sich nur widerwillig den Kopf streicheln, weicht in die hinterste Ecke seiner Box, wenn man mit dem Halfter kommt. Es wird oft ein regelrechtes Ringelreihen daraus, bis das Halfter an der Stelle ist, wo es hin soll. Dabei geht es doch nur auf die Koppel. Alaa lässt sich auch nicht anbinden. Er hat einige Stricke, Halfter und Haken auf dem Gewissen, weil er sich in voller Panik reinhängt, bis irgendetwas nachgibt. Er lässt sich nicht ordentlich führen, putzen usw. Der alltägliche Umgang wird so zu einem Kleinkrieg. Dabei hat er angeblich schon den Longiergurt angehabt, aber so, wie er sich aufführt, ist er halbwild.

Nachdem Alaa vierzehn Tage auf der neuen Reitanlage ist, fängt er an zu husten. Trotz einer Behandlung wird es nicht wesentlich besser, sodass Dorothea beschließt, ihn nach Hause zu holen.

Er habe Bekanntschaft mit einem Sattel gemacht und der Trainer sei auch schon draufgesessen (allerdings war er auch schnell wieder unten, wie sich später herausstellte). Doch von einem soliden Anreiten kann nicht die Rede sein. Zu Hause muss ohnehin erst mal der Husten auskuriert werden. Danach hat Dorothea mit Longieren weitergemacht, ohne und mit Sattel. Wenn Alaa gerade mal Lust hat, macht er auch brav mit. Hat er jedoch keine Lust, bockt er, schlägt gezielt nach Personen aus, läuft über alles drüber, was ihm im Weg ist. Er buckelt den Sattel herunter – mit festgezogenem Gurt wohlgemerkt. Dieses Kunststück schafft er auch später bei Bernd. Dann ist er aber auch wieder ganz brav – im Ganzen also unberechenbar.

Auf diese Art und Weise verbringen Dorothea und Alaa den Sommer. Dann soll Alaa wieder in ein Reittraining kommen, aber der erste Trainer hat keine Zeit, vermittelt Dorothea jedoch zu Bernd Hackl. Sie erklärt Bernd ihre Situation, ist am Boden zerstört und bittet Bernd, ihr ehrlich zu sagen, falls Alaa ein hoffnungsloser Fall sei. Dann würde sie dieses Pferd womöglich zum Schlachter fahren.

Zuerst stellt Bernd fest, dass Alaa große Probleme mit der Halfterführigkeit hat. In diesem Zusammenhang vermutet Bernd ein traumatisches Erlebnis. Eine knotenartige Muskelverdickung an der Hinterhand und am Kopf sowie sein Verhalten beim Aufhalftern und Anbinden, lassen einen Unfall oder derartiges vermuten. Alaa bekommt regelrechte Panikanfälle, wenn ihn irgendetwas festhält. Er wird darum auch nie mit einem Knoten angebunden, sondern der Strick wird drei- bis viermal um den Pfosten gewickelt. Das Pferd verspürt beim Rückwärtsziehen zwar eine Spannung, kann sich gleichzeitig aber auch langsam »ent«-wickeln. Dieses Prozedere wird bei Alaa zigmal – Bernd hat irgendwann aufgehört zu zählen – durchgeführt, bis das Pferd endlich ruhig steht. Dann wird es Zeit, mit der Bodenarbeit anzufangen, und Bernd geht mit Alaa in den Round-Pen.

Die Bodenarbeit im Round-Pen

Dort erlebt er eine böse Überraschung. Der Araber erblickt eine Plastikplane an der Bande und bekommt eine Panikattacke, wie sie Bernd noch nie bei einem Pferd erlebt hat.

Nachdem Bernd alles weggeräumt hat, was in irgendeiner Weise »schrecklich« sein könnte, beruhigt sich Alaa einigermaßen. Mit der Arbeit im Round-Pen versucht Bernd, eine Verbindung zu diesem Pferd aufzubauen, ihn an die neue Situation zu gewöhnen. Doch Alaas Schreckhaftigkeit verwandelt sich zunächst in Aggressivität – er greift Bernd an. Mit dem Rope, das er bei dieser Arbeit immer in der Hand hat, verteidigt sich Bernd. Alaa scheint sich zu beruhigen, kommt ganz zutraulich auf Bernd zu und bleibt etwa eineinhalb Meter vor ihm stehen. Er scheint auf einmal ein ganz normales Pferd zu sein. Doch dann dreht Alaa sich blitzschnell um, schlägt gezielt aus und befördert Bernd in hohem Bogen durch den Round-Pen. Reflexartig reißt Bernd beide Arme hoch, um sich irgendwie zu schützen. Eine Schulterverletzung erinnert ihn noch heute daran.

Von diesem Zeitpunkt an ist klar, dass nur größtmögliche Konsequenz zu einem Weg in eine gemeinsame Zukunft führen kann. Wenn Bernd

Alaa El Din ist ein Fuchs mit vier weißen Beinen. Eine alte Weisheit besagt, dass das schwierige Pferde sein können.

ansonsten beim täglichen Miteinander mit seinen Pferden auch schon mal Kompromisse eingeht, so gibt es für Alaa keinerlei Ausnahmen. Bernd besteht immer auf der korrekten Führposition. Versucht Alaa diesen Abstand eigenmächtig zu verringern, muss er rückwärts laufen. Alaa muss lernen, andere Lebewesen zu respektieren. Irgendwann scheinen die Fronten geklärt zu sein und Bernd sattelt dieses Pferd. Es vergehen nur wenige Minuten, der hintere Sattelgurt ist ebenfalls befestigt, und der Araber zieht sich den Sattel regelrecht wieder aus. Der Sattel steht auf dem Horn mitten im Round-Pen – wie es sich gehört –, allerdings mit geschlossenem hinterem und vorderem Bauchgurt!

Beim nächsten Versuch wird der Sattel mit einem Vorderzeug und einer hinteren Konstruktion, bestehend aus einem Führstrick um jedes Hinterbein herum, ergänzt. Das Ganze wird dann noch mal mit Bändern in der Mitte verstärkt, sodass sich einerseits nichts lockern kann, sich andererseits aber auch kein Bein in einem Strick verfangen kann. Was dann allerdings passiert, kann man mit normalen Worten kaum beschreiben. Fünfzehn Minuten lang versucht Alaa, diesen Sattel loszuwerden. Danach galoppiert er ruhig im Round-Pen, als wäre nichts gewesen. Bernd kann ihn sogar noch aussacken, offensichtlich sieht Alaa ein, dass es besser ist mitzuarbeiten. Natürlich lobt Bernd ihn ausgiebig und beendet diese Trainingseinheit. Vorläufig verlässt Bernd sich noch auf seine spezielle Konstruktion, bis er sicher sein kann, dass Alaa den Sattel akzeptiert. Endlich kann Bernd auch sein komplettes Bodenarbeitskonzept mit Alaa durchführen, bis der Tag des ersten Aufsteigens näher rückt.

Dass in diesem Fall auch ein erfahrener Trainer wie Bernd Hackl ein ausgesprochen mulmiges Gefühl hat, ist nur zu gut zu verstehen. Doch die konsequente und ausgiebige Bodenarbeit macht sich bezahlt. Bernd bemerkt jegliche Gegenbewegung rechtzeitig, bringt mit One-Rein-Stop, Vorder- und Hinterhandverschieben sofort alle vier Beine unter Kontrolle, sodass Alaa reitbar wird.

Die Arbeit unter dem Sattel

Schritt, Trab und Galopp – die so genannten Grundgangarten stellen kein nennenswertes Problem dar. Dass Alaa El Din ein sehr athletisches Pferd ist, hat er schon mehrfach unter Beweis gestellt. Die vertikale Kontrolle wird im Training durch einen Halsverlängerer unterstützt. Rassetypisch ist für den Araber die hohe Aufrichtung, und es wäre ein fataler Fehler zu glauben, irgendjemand könne diese Anlage ins Gegenteil verkehren. Allerdings muss man der Tendenz entgegensteuern, dass das Pferd den Kopf hochnimmt und damit den Rücken durchdrückt. Beim Halsverlängerer hat das Pferd die Chance, ohne reiterliche Einwirkung eine ihm angenehme Position selbst herauszufinden.
Bei dem Thema »Hilfszäumungen« fällt mir immer der überlieferte Ausspruch eines englischen Ausbilders ein, der sagte: »Jede Hilfszäumung ist wie das Hinweisschild an einer Baustelle. Wenn die Baustelle erledigt ist, gehört das Schild auch wieder weg!« Keine Hilfszäumung sollte eine Dauereinrichtung sein.

Zurück zu Alaa. Bernd ist, was das Reiten angeht, zufrieden. Nur Alaas unberechenbare Schreckhaftigkeit bereitet ihm Kopfzerbrechen. Es kann sein, von Montag bis Mittwoch reitet

Bernd ohne Probleme an einer Plastikplane vorbei und am Donnerstag explodiert der Araber und ist noch nicht einmal in die Nähe eines solchen Gegenstandes zu bringen.

Alaa muss noch mal in den Round-Pen und wird mit Plastikdingen aller Art ausgesackt, bis er akzeptiert, dass er diesen Errungenschaften einer modernen Welt nicht aus dem Weg gehen kann. In diesem Zusammenhang muss man wieder betonen, dass nur ein geschlossener Round-Pen, der solide gebaut ist, und die entsprechende fachmännische Begleitung das Risiko eines Unfalles auf ein Minimum reduzieren können.

Nach drei Monaten Grundtraining geht Alaa zurück nach Hause. Alaa ist zwar reitbar, doch immer noch sehr unzuverlässig. Er ist beim Reiten übernervös und äußerst schreckhaft. Wenn man etwas von ihm fordert, wird er aufmüpfig, wehrt sich dagegen. Im schlimmsten Fall zieht er sich an einer Sache hoch bis zum Buckeln. Ihm ist leider immer noch nicht zu trauen. Zwischendurch macht Dorothea auch einen Reitkurs bei Bernd Hackl. Da verwandelt sich der »Bronco« in ein Lämmchen. Offensichtlich weiß er zu unterscheiden, wo Disziplin angesagt ist und wo nicht. Daheim sind Koppel und die Pferdekumpel – aber nicht arbeiten. Den Rest des Jahres haben sich Dorothea und ihr Mann mit Alaa so durchgekämpft – inklusive einiger Stürze.

Im neuen Jahr kommt Alaa weitere vier Wochen zu Bernd – zu einem »verschärften« Training. Bernd reitet zuerst viel mit ihm aus, geht das ganze Programm durch und Alaa macht mit. Also überlegt sich Bernd, was er dem schlauen Tier noch bieten könnte. Daraufhin fällt ihm die Cutting-Maschine ein. An dieser Maschine flitzt eine Stoffkuh von links nach rechts – oder auch umgekehrt. Der Reiter hat an einem Arm die Fernbedienung und kann Richtung und Geschwindigkeit steuern. Kaum ist die Kuh in Aktion, bockt Alaa los. Zehn Minuten lang versucht er, Bernd loszuwerden und aus dieser Stresssituation herauszukommen. Bernd bringt mit One-Rein-Stop bzw. Vorder- und Hinterhandverschieben das Pferd unter Kontrolle. Dann geht das ganze Spiel wieder von vorne los. Nach etwa 25 Minuten schlägt die Angst in Aggressivität um. Alaa wird tief und flach wie ein Cutting-Pferd und versucht, dieses »Rind« an der Bewegung zu hindern. Bernd steigt ab und lobt Alaa. Nach ein paar Tagen ist Alaa richtig »cowy«, d.h. ganz auf die Kuh fixiert.

Ungeahnte Talente

Daraus entsteht die Idee, mit dem Araber einmal »People Cutting« auszuprobieren. Nachdem Alaa nicht mehr so aggressiv reagiert, wird nach einem sportlichen Mitmenschen Ausschau gehalten, der die »Kuh« spielen muss. Alaa hat offensichtlichen Spaß an dieser Aufgabe. Der Araber erweist sich ebenfalls als Reining-Talent (Western-Dressur).

Danach geht es richtig bergauf. Es macht allen riesigen Spaß, dieses Pferd zu reiten. Seinen ersten großen Auftritt hat Alaa auf der Arabershow in Kreuth wo er mit »People Cutting« die Zuschauer beeindruckt. In der großen Arena der Ostbayernhalle reiten Bernd und Alaa ihre Vorführung, als ob dieser Araber nie etwas anderes getan hätte. Danach nimmt Dorothea ihren »wilden Bronco« mit heim.

Fall 5: Telex lernt wieder Vertrauen

Diese Geschichte ist ein trauriger Höhepunkt, daher hier die Originalversion der Besitzerin:

»Telex ist ein 16-jähriger brauner Wallach mit einem Stockmaß von 1,64 m und ohne Papiere. Kennengelernt habe ich ihn im März 1995 in einem erbärmlichen Zustand. Das Pferd ließ niemanden an sich heran und hatte vor Menschen eine riesige Panik. Als ich ihn das erste Mal gesehen habe, stand er in seiner Box ganz hinten im Eck, ein einziges Elend, komplett abgemagert, abgestumpftes Fell, Hufe, die sich schon wölbten, total apathisch. Als er uns jedoch entdeckte, zitterte er am ganzen Körper und versuchte man, sich ihm zu nähern, ging er auf einen los und schlug und biss wie ein Verrückter um sich. Ich erfuhr noch am selben Tag, dass das Pferd gerade vom Schlachter gerettet worden war, von einem Passanten, der jedoch mit Pferden absolut nichts am Hut hatte. Und jetzt wurde jemand gesucht, der sich des Pferdes annahm.

Ich bezweifelte sehr, ob man in ferner Zukunft überhaupt noch normal mit dem Pferd umgehen können würde, besser gesagt, das Pferd mit dem Menschen, aber ich wollte es versuchen. Es war gut erkennbar, dass Telex in einem engen Raum total panisch reagierte. Aus diesem Grund bekam Telex eine Außenbox mit eigener angrenzender Koppel, sodass er rein- und rauskonnte, wie er es wollte. So hatte er auch nicht mehr das Gefühl, eingesperrt zu sein. Mein nächster Schritt war, die Vorgeschichte von Telex herauszufinden, damit man sich zumindest ein wenig auf die Situation des Pferdes einstellen konnte. Ich war erstaunt, wie viel ich doch noch herausfinden konnte, allerdings musste ich mich auf die Richtigkeit der Erzählungen verlassen, da ich keine anderen Anhaltspunkte hatte.

Die Vorgeschichte

Schätzungsweise 1994 wurde Telex mit einem Massentransport von Frankreich nach Deutschland gebracht. Er soll bei einigen Pferdehändlern gewesen sein, bis er dann als »braves Freizeitpferd« an eine Familie verkauft wurde. Jedoch kannte Telex zu diesem Zeitpunkt weder Sattel noch Reiter, da er in Frankreich ein Trabrennpferd war.

Telex wurde nach knapp zwei Wochen wieder weiterverkauft, weil die aktuellen Besitzer mit dem Pferd nicht zurechtkamen, allerdings wieder als »braves Freizeitpferd«. Der neue Interessent war ein älteres Ehepaar, das für gemeinsame Ausritte am Wochenende ein sehr zuverlässiges und braves Freizeitpferd suchte. Schon beim Verladen zeigte sich Telex als äußerst nervöses und unruhiges Pferd und ließ sich kaum in den Pferdeanhänger überreden. Schon hier ereignete sich der erste Unfall. Beim Verladen des Pferdes wurde die Stange, die das vorzeitige Aussteigen des Pferdes verhindert, nicht befestigt, Telex trat zurück auf die Laderampe und begrub die Vorbesitzerin unter sich. Sie trug etliche Knochenbrüche und ein zertrümmertes Becken davon. Trotz dieses Zwischenfalls wollte die zukünftige Besitzerin Telex behalten und er wurde zu ihr gefahren. Mir wurde berichtet, dass schon der erste Versuch eines Ausrittes fatale Folgen hatte.

Telex setzte die neue Besitzerin noch im Hof ab und durch den Sturz zog sie sich so schwere Verletzungen zu, dass die Frau querschnittsgelähmt war.

Ihr Mann, der das Geschehene nicht verarbeiten bzw. begreifen konnte, gab Telex nicht weg, sondern sperrte ihn in einen alten Schuppen mit kaum Tageslicht. Wie lange er dort bleiben musste, ist nur ein Schätzwert, der damalige Tierarzt meinte ein gutes halbes Jahr. Wie das Pferd unter solchen Bedingungen überleben konnte und wer ihn ab und zu mal versorgt hat, ist eigentlich allen ein Rätsel. Telex wurde von einer neu zugezogenen Familie entdeckt, von Kindern, die etwas »Lebendes« in dem Schuppen vermuteten. Es war auch die Familie, die den Tierschutzverein und die Polizei gerufen hat.

Telex musste von der Feuerwehr oben aus dem Dach mit einem Kran geborgen werden, da sich die Türe des Schuppens vor lauter Mist nicht mehr öffnen ließ bzw. das Pferd nicht mehr durch die Tür passte. Es muss furchtbar gewesen sein. Weiterhin zeigte das Pferd alte und neue Verletzungen, vorwiegend im Kopfbereich. Mir wurde berichtet, dass sich der Ehemann nicht mit dem Unfall abfinden konnte, er verfiel dem Alkohol. Regelmäßig ließ er seine grenzenlose Wut an dem Pferd mit Schlägen aus, da das Tier ja für diesen Unfall verantwortlich war.

Von dort aus kam Telex ohne Umwege direkt zum Schlachter und wurde von einem Passanten aus Mitleid gekauft. Warum dieses Pferd überhaupt noch mal weiterverkauft werden konnte, ist mir ein Rätsel. Weitervermittelt kam Telex dann zu meiner Bekannten in den Stall, wo ich ihn dann auch das erste Mal sah.

Eine Chance für Telex

Telex ist mir und meiner Familie gleich ans Herz gewachsen, auch wenn er uns fast gut ein Jahr überhaupt nicht beachtete. Er stand den ganzen Tag auf seiner Koppel, nur nachts holte er sich sein Kraftfutter aus der Futterkrippe in seiner Box, die er sonst komplett mied. Ich beschäftigte mich täglich mit ihm. Oft saß ich einfach nur bei ihm auf der Koppel oder ich erzählte ihm irgendeine Geschichte. Ich erhoffte mir davon, dass er mich irgendwann mal akzeptieren bzw. sich zumindest mal anfassen lassen würde. Telex brauchte knapp über ein Jahr, von dem Tage an gerechnet, als er zu uns kam, bis er sich zum ersten Mal freiwillig von mir streicheln ließ.

Als diese Hürde überwunden war, gab er mir nach und nach das Gefühl von grenzenlosem Vertrauen. Ab diesem Zeitpunkt konnte ich »fast normal« mit ihm umgehen. Er ließ sich brav das Halfter anziehen, führen, putzen, spazieren führen etc. Er folgte mir bei Tage in seine Box, fraß seine drei Mahlzeiten am Tag und nicht wie vorher irgendwann in der Nacht. Er akzeptierte es sogar, nachts eingesperrt zu sein. Große Probleme hatte ich nach wie vor, wenn sich ein männliches Wesen Telex näherte. Er spürte das schon von Weitem und wurde furchtbar nervös und unruhig. Er ging nach wie vor mit weit aufgerissenem Maul auf Männer los, er biss und schlug allerdings nur, wenn ich nicht dabei war. Dieses Problem nahm mein Vater in die Hand. Er fuhr jeden Tag nach der Arbeit bei Telex vorbei, selbst wenn es nur mal fünf Minuten waren. Er blieb sicher hinter dem Zaun, brachte ihm täglich eine Karotte mit, egal, ob Telex sie nahm oder nicht, und redete mit ihm.

Mein Vater konnte ihn mittlerweile, wenn ich dabei war, streicheln. Alleine ließ sich Telex das erste Mal nach etwa einem halben Jahr von ihm anfassen. Ungefähr zum gleichen Zeitpunkt begann ich, Telex anzureiten. Er war ein sehr williges und lernbegieriges Pferd und somit gelang es mir, ihn auch ohne vorhandenen Reitplatz einzureiten und ich hatte viel Freude mit ihm. Bis zu diesem Zeitpunkt gehörte Telex noch diesem Passanten, der sich mittlerweile auch mit der Reiterei angefreundet hatte, sich jedoch nicht vorstellen konnte, Telex als Reitpferd zu nutzen, da er vor ihm doch zu viel Respekt hatte.

1997 bekam ich von dem Passanten Telex als Anerkennung dafür, was ich bisher mit diesem Pferd erreicht hatte, zu meinem Geburtstag geschenkt. Telex erwies sich als sehr zuverlässiges Pferd, jedoch musste man mit seinen »Eigenheiten« leben. Mit den Eigenheiten meine ich, dass er äußerst schreckhaft war, sehr sensibel und mit Samthandschuhen angefasst werden musste. Man durfte in seiner Gegenwart nicht laut reden, geschweige denn schimpfen oder brüllen. Das bezog er sofort auf sich und wurde total unsicher. Beim Reiten zeigte er, dass er Angst vor dem Schenkel hatte. Legte man diesen an, so neigte er dazu loszurennen, um diesem Druck zu entkommen. Auch im Gelände, beim Ausreiten, war er ein absoluter »Durchgänger«, er war nicht zu bremsen, schon gar nicht in einer Gruppe, da wurde es nur noch schlimmer. Er reagierte auch unheimlich empfindlich auf die Hand. Er gab grundsätzlich nicht nach und nahm immer den Kopf nach oben. Teilweise schlug er ununterbrochen mit dem Kopf. Tierärztliche Untersuchungen zeigten aber, dass es nicht an einem medizinischen Problem lag, ich jedoch konnte es nicht alleine lösen.

Im Frühjahr 1998 zog sich Telex eine schwere Entzündung im Sprunggelenk zu. Bis die Ursache jedoch erkannt und richtig behandelt wurde und bis Telex wieder richtig einsatzbereit war, vergingen wieder anderthalb Jahre! Diese Zeit war sehr schwer für Telex, da er sich ständig Untersuchungen unterziehen musste und ständig fremde Menschen an ihm »rumtatschten«. Zu Anfang versuchten sich vier verschiedene Tierärzte, jeder erzählte mir etwas anderes und keiner konnte wirklich helfen. Einer riet mir sogar, das Pferd endlich von seinen Schmerzen zu erlösen und es einschläfern zu lassen. Da mir aber keiner so genau sagen konnte, was mein Pferd eigentlich hatte, suchte ich auch Rat bei einem Osteopathen. Dieser hatte einen guten Namen und sehr viel Erfahrung. Das war ein Anfang. Zuerst einmal half er Telex, indem er ihn einrenkte und mir verschiedene Übungen zeigte, wie ich Telex helfen konnte, sich zu entspannen. Weiter tippte er auf eine Entzündung im Sprunggelenk und schickte uns in die Tierklinik nach Baden-Baden, die auf den Bewegungsapparat bei Pferden spezialisiert ist. Dort wurde festgestellt, dass Telex tatsächlich eine Entzündung im Sprunggelenk hatte, jedoch war es notwendig, eine Szintigraphie bei ihm durchzuführen. Diese Behandlung wurde nur in einer Spezialklinik im Hochschwarzwald durchgeführt. Letztendlich habe ich alles Notwendige mit Telex durchgezogen und nach zweieinhalbwöchigem Klinikaufenthalt durfte ich ihn wieder mit nach Hause nehmen, er war wieder gesund.

Die Aufenthalte in den Kliniken, die ständigen Transporte und die Zeiten, in denen ich nicht bei ihm sein konnte, zeigten deutliche Spuren. Die Tierärzte und Pfleger erzählten mir, dass sie Telex zu jeder Untersuchung grundsätzlich sedieren (ruhigstellen) mussten, da er niemanden an sich herangelassen habe. Telex ließ sich seit dem Zeitpunkt fast nicht mehr verladen. Er gab seit diesem Zeitpunkt auch den hinteren rechten Huf nicht mehr, nichts zu machen. Ich war machtlos.

Eine Entscheidung mit Folgen

Im Oktober 1999 beschloss ich, meinen Job aufzugeben und ganz meinem Hobby, den Pferden, nachzugehen. Ich hatte das riesige Glück, auf eine Reitanlage zu stoßen, in der Bernd Hackl Trainer für Jungpferde war. Gleichzeitig nahm er sich der Korrektur von Problempferden an. Genau das, was ich eigentlich gesucht hatte.

Ich hatte für drei Monate einen Vertrag als Praktikantin von dem Anlagenbesitzer erhalten. Meistens bewegte ich Telex in der Mittagspause, da zu diesem Zeitpunkt wenig auf der Anlage los war. Als Bernd uns das erste Mal in der Halle gesehen hatte, erkannte er natürlich sofort unsere gemeinsamen Probleme. Ohne zu zögern, sprach er mich an und gab mir gleich ein paar Tipps, wie ich es besser machen könnte. Er erklärte mir, dass wir bisher noch keinen gemeinsamen Weg gefunden hätten und was er persönlich anders bzw. besser machen würde. Angefangen beim Gebiss, das Telex nicht gefiel, daher auch sein ständiges Kopfschlagen, über die Hilfengebung usw. Ich war absolut geplättet, dass jemand, der uns vielleicht zwei Minuten gesehen hatte, schon so viel erkannt hatte.

Ab diesem Zeitpunkt half mir Bernd, mit Telex zu arbeiten. Was mich an Bernd sofort fasziniert hatte, war, dass bei ihm das Pferd absolut im Vordergrund stand und dass er die Pferde genau verstand! Man muss anfangen, an den Besitzern zu arbeiten, weniger an den Pferden. Ihnen helfen zu verstehen, was in einem Pferd vorgeht!

Mein Schlüsselerlebnis mit Bernd war eigentlich die allererste Begegnung zwischen ihm und Telex. Bernd wollte von mir die Vorgeschichte von Telex wissen, die ich ihm auch so genau wie möglich erzählte. Unter anderem wusste Bernd auch, dass Telex wahnsinnige Probleme mit Männern hatte. Bernd ging auf Telex zu, sprach ganz ruhig mit ihm, streichelte ihm über die Nase und nahm mir den Strick aus der Hand. Er ging mit Telex in die Reithalle, legte ihm den Strick über den Hals und ließ ihn einfach stehen. Er lief um ihn herum, berührte ihn überall und streichelte ihn immer wieder ausgiebig. Ich glaubte meinen Augen nicht zu trauen! Mein Pferd, das auf alle Männer beißend losging, folgte Bernd in die Halle, ließ sich überall von ihm berühren und war die Ruhe in

Person. Ganz unfassbar war für mich, dass Bernd um mein Pferd herumlaufen konnte, ohne dass Telex sich einen Schritt bewegte und zu guter Letzt seinen rechten hinteren Huf hochnahm, den Telex schon seit über einem Jahr nicht mehr gegeben hatte! Er wackelte nicht mal mit den Ohren, er gab ihn brav, als wenn er nie etwas anderes getan hätte. Wenn ich das nicht selbst gesehen hätte, ich hätte es nicht glauben können. Ich hatte vor Staunen und natürlich Begeisterung Tränen in den Augen. Bernd streichelte Telex über den Hals, gab ihn mir zurück und sagte zu mir: »Räum ihn auf, das hat er gut gemacht und morgen machen wir weiter.« Ich war einfach nur sprachlos.

Ab diesem Zeitpunkt nahm sich Bernd sehr viel Zeit für Telex. Er arbeitete täglich mit ihm unterm Sattel und mit Bodenarbeit. Auch hatte ich das Glück, unter Aufsicht von Bernd sehr viel zu lernen und das Gelernte gleich wieder am Pferd umzusetzen.

Leider war ich nur zwei Monate dort. Als ich mit Telex nach Hause fuhr, machte Bernd abschließend noch ein Verladetraining. Aufgrund dieses Trainings, das nur einmal erfolgte, steigt Telex noch heute gerne und ohne Probleme in den Anhänger. Was Bernd in diesen zwei Monaten mit meinem Pferd erreicht hat, ist eigentlich gar nicht in Worte zu fassen, wenn man das nicht selbst erlebt hat. Es ist einfach unglaublich. Telex ist heute ein äußerst ausgeglichenes und ruhiges Pferd. Bin ich mit Telex in einer Gruppe im Gelände unterwegs, kann man sich 100-prozentig auf ihn verlassen. Selbst wenn alle Pferde erschrecken und flüchten oder hopsen, ist er die Ruhe selbst und überträgt das auch auf die anderen Pferde. Telex ist heute im Umgang, auch mit anderen Menschen, ob männlich oder weiblich, total unkompliziert. Wohl ist er bei fremden Männern ein bisschen zurückhaltend, aber in keiner Weise mehr aggressiv. Telex eignet sich mittlerweile auch hervorragend zum Umgang mit Kindern oder Jungpferden. Der zehnjährige Sohn meines Freundes reitet mit Telex alleine auf dem Platz oder kann mit mir im Schritt ins Gelände reiten, obwohl er absoluter Anfänger ist. Regelmäßig haben Telex und ich abwechselnd zwei Junghengste im Gelände dabei, also kurz gesagt, Telex ist ein absolutes Verlasspferd geworden, und das nur durch die Arbeit von Bernd.

Ich weiß bis heute nicht, wie ich Bernd für all das danken kann. Aber eines weiß ich ohne Zweifel und ganz gewiss, ein anderer hätte das nicht geschafft.«

Bernds Erfahrungen mit Telex

»Das Erste, was mir am Telex auffiel, waren seine Augen. Als er damals kam und aus dem Hänger stieg, hatte er ganz hektische Augen, überhaupt hatte er einen sehr gehetzten Gesichtsausdruck. Er hatte viele Falten über und unter den Augen. Als ich dann beide – Telex und Gaby – in der Halle sah, fiel mir sofort auf, dass beide in ganz verschiedenen Welten lebten. Da gab es einmal die Gaby-Welt und einmal die Telex-Welt. Und beide haben versucht, keinerlei Konfrontationen aufkommen zu lassen. Bei Gaby sicherlich unbewusst, bei Telex bewusst, denn er wollte Gaby aus dem Weg gehen. Gaby hat ihn zwar gefüttert und gut behandelt, aber Telex fand trotzdem keinen Zugang zu ihr. Jeder war in seiner Welt, und man hat sich notgedrungen mal getroffen.

Mir war es einerseits nicht so recht, Gaby auf diese Dinge anzusprechen. Es ist etwas anderes, wenn mich Personen um Hilfe bitten und fragen, aber mit Gaby hatte ich zu dieser Zeit im Grunde nichts zu tun. Außerdem reagieren viele Leute eher sauer, wenn man sie auf solche Probleme anspricht. Ich habe trotzdem, entgegen meiner sonstigen Überzeugung, Gaby angesprochen, da schon beim Führen vieles nicht so war, wie es sein sollte. Gaby war dann auch sehr dankbar, dass jemand diese Dinge sah und ihr helfen wollte.

Zuerst habe ich ihr erklärt, was ich über ihr Pferd denke, wie sein Verhalten auf mich wirkt. Gaby hat mir dann die Geschichte ihres Pferdes erzählt. Darauf haben wir als Erstes am Führen gearbeitet. Telex überholte Gaby häufig und zog sie dann hinter sich her. Gaby war sehr offen und im Gespräch haben wir die verschiedenen Probleme erörtert, die sie mit Telex hatte. Unter anderem haben wir uns auch über das Gebiss unterhalten. Sie hatte für Telex eine dreiteilige Wassertrense gewählt, welche jedoch viel Unruhe ins Pferdemaul bringen kann. Daher auch sein nervöses Kopfschütteln. Sie hat ihr Pferd viel festgehalten, er hat sich auf das Gebiss gelegt, ihre Hilfen kamen unlogisch, oft überraschend für das Pferd. Es war einfach kein Teamwork.

Die Basis: Regeln und Vertrauen

Es war nicht schön, den beiden zuzuschauen. Ich habe Gaby erst mal erklärt, dass der Besitzer immer nur das Beste für sein Pferd will – leider. Denn so vermeidet er alle Dinge, die einem Pferd die Normalität zurückbringen würde. Im Miteinander gibt es Situationen, wo man entweder mal etwas mehr Druck machen oder einfach erst mal ein paar Minuten abwarten sollte. Stattdessen geht der Reiter jedweder Konfrontation aus dem Weg, aus Angst, es könnte ja irgendetwas passieren.

Telex hat häufig nicht verstanden, was die Menschen eigentlich von ihm wollen. Gaby war oft zu zaghaft, um ihr Pferd zu fordern, einer Hilfe mehr Nachdruck zu verleihen. »Timing« und »Feeling« haben nicht gestimmt. Wie wir aus der Vorgeschichte wissen, ist Telex sehr oft von Menschen enttäuscht worden, er hat wirklich nichts Gutes erfahren. Trotzdem muss auch ein Pferd wie Telex lernen, dass der Mensch über ihm steht. Es darf ihn nicht einfach angreifen, so wie Telex dies schon ein paar Mal gemacht hatte. Telex muss jetzt lernen, dass der Mensch auch Partner sein kann, gewissermaßen ein Kollege, und das geht nur mit klaren Regeln.

Ich bin dann Telex gegenübergestanden, habe den Führstrick in die Hand genommen und ihn gefragt, ob ich ihn anfassen darf. Das habe ich ihm nicht mit säuselnder Stimme ins Ohr geflüstert, sondern ich habe die Hand gehoben, habe sie langsam Richtung Kopf bewegt, und Telex hat den Kopf zur Seite genommen. Daraufhin habe ich meine Hand gesenkt und signalisiert: »Wenn du nicht angefasst werden willst, ist das in Ordnung.« Diese »Frage« habe ich dann dreimal wiederholt, und beim dritten Versuch hat er sich von mir anfassen lassen. Telex hat sogar die Ohren nach vorne genommen. Er war so verblüfft, dass ein Mensch ihn nicht einfach ins Gesicht fasst, sondern ihn zuerst fragt: »Darf ich dich anfassen?« Und dass ich seine Antwort respektiert habe und ihm nichts aufzwingen wollte. Ich habe ihn dann gestreichelt, bin vom Kopf Richtung Widerrist gegangen und habe ihn so gewissermaßen ausgesackt. Dann habe ich den Führstrick losgelassen und über den Hals gelegt. Er sollte sehen, dass ich ihm vertraue. In der Regel wird das auch so verstanden und ein Pferd antwortet mit seinem Vertrauen. An dieser Stelle muss ich aber warnen, es funktioniert nicht immer!

Bei Telex hat es sehr gut funktioniert. Dieses gegenseitige Vertrauen hat dazu geführt, dass Telex mir in der Reithalle nachgelaufen ist. Ich habe ihn auch immer wieder ausgiebig gelobt und gezeigt, dass er seinen Job gut macht. Da Gaby mir gesagt hatte, dass er seinen Hinterhuf nicht geben wolle, habe ich jetzt dort angefragt. Ich habe ihn also wieder nicht überfallen, sondern habe angefragt, ob er mir diesen Huf geben will. Ich habe den Huf angefasst, Telex hat sich nicht bewegt, worauf ich losgelassen habe und ihn gestreichelt habe. Das Ganze habe ich vier-, fünfmal oder öfter wiederholt, und irgendwann hat er mir den Huf gegeben. Ich habe dann den Huf auch nicht festgehalten, sondern nur kurz genommen, angeschaut, auf die Unterseite geklopft und wieder abgesetzt. Telex sollte wissen, dass er seinen Huf auch wieder bekommt, solange er ihn mir freiwillig gibt.

An diesem Pferd konnte ich wirklich feststellen, was es bedeutet: ein Gefühl, das einem Gefühl folgt! Das Pferd muss fühlen, dass ich es zu nichts zwinge. Umgekehrt muss der Mensch fühlen, wann das Pferd seinen Huf wieder zurückhaben möchte. Irgendwann habe ich dann Telex geritten. Vorher haben wir allerdings noch einen Gebisswechsel vorgenommen. Mit einem einfach gebrochenen Gebiss, also einem Snaffle-Bit, ist das Pferd sehr gut zurechtgekommen. Beim Reiten habe ich ihn vorne viel losgelassen und mich erst um seine Hinterhand gekümmert (One-Rein-Stop usw.). Auch beim Vorwärtsreiten habe ich ihn nicht viel angenommen, er ist dann zwar etwas zügig geworden, aber es war nicht so schlimm. Im Grunde genommen war es dieselbe Geschichte mit Vertrauen und Gegenvertrauen.

Natürlich habe ich bei Telex alles sehr langsam aufgebaut. Ich habe mit sehr wenig Druck gearbeitet, bin aber trotzdem konsequent geblieben. Anstatt ihn mit großem Druck zu etwas zu zwingen, bin ich konstant an einer Sache drangeblieben. Damit habe ich ihm klargemacht, dass er sich auch ein wenig in meiner Welt bewegen muss. Denn so ist der Mensch auch bereit, sich in seiner Welt zu bewegen. So ist es möglich, sämtliche Bedürfnisse auf einen Nenner zu bringen, damit keiner zu kurz kommt. Ich brauche ihn ab und zu zum Arbeiten, er braucht mich ab und zu für seine Bedürfnisse, und mit diesem Kompromiss kommt man auch durchs Leben.

Das Ganze braucht natürlich Zeit und baut sich wie eine Pyramide auf.

Telex war trotz seiner Vorgeschichte eines der einfachsten Pferde, die ich hatte. Er ist sehr schnell auf mein Vertrauen eingegangen und es ist auch so etwas wie eine Freundschaft entstanden. Gaby hat in diesem Zusammenhang sicherlich auch eine Menge gelernt. Ich musste ihr leider oft sagen, was verkehrt ist. Obwohl »falsch« und »richtig« nicht immer die richtigen Attribute in der Arbeit mit Pferden sind. »Falsch« und »richtig« ergeben sich aus dem, was funktioniert oder eben nicht funktioniert. Gaby hat lernen müssen, dass viele Sachen eben nicht richtig waren, auch wenn es noch so gut gemeint war.

Gaby hatte sich viele Bücher gekauft, vieles daraus ausprobiert, nur leider hat ihr Telex darauf nicht angesprochen. Es kommt nicht darauf an, ob jemand nach einem Klassisch-, Englisch-, Western- oder Sonstwas-System mit seinem Pferd umgeht. Es kommt auch nicht darauf an, ob jemand nach der Lehre von einer ganz berühmten Person oder vielleicht von jemand weniger Bekanntem arbeitet. Entscheidend ist immer, was unter dem Strich dabei herauskommt. Komme ich mit meinem Pferd weiter, versteht mein Pferd, was ich von ihm will? Verstehe ich mein Pferd, kenne ich seine Bedürfnisse?

Wenn ich mich heutzutage auf einer Pferdemesse umschaue, sehe ich viele Dinge, die nur der Show dienen. Viel Verpackung mit wenig Inhalt. Ob für das Pferd und seinem Besitzer unter dem Strich dabei wirklich so viel herauskommt, insbesondere beim Reiten, möchte ich bezweifeln. Bei Telex und mir ist eine Freundschaft dabei herauskommen. Auch seine Besitzerin Gaby ist uns weiterhin in Freundschaft verbunden und besucht uns, sooft es geht.

Telex kann heute das Leben wieder genießen.

Stichwortverzeichnis

Quellen

BRANDERUP, BENT: *Akademische Reitkunst.* Cadmos, Schwarzenbeck 2006.

GOLD, MANFRED: *Der Pferdewirt.* BLV, München 2003.

OELKE, HARDY: *Das Quarter Horse.* Historie, Zucht, Verwendung. Kierdorf-Verlag, Köln 1999.

Richtlinien für Reiten und Fahren: Band 1. FN-Verlag, Warendorf 2005.

STRICK, MICHAEL: *Denk-Sport Reiten.* Die Faszinierende Logik der Ausbildungsskala. FN-Verlag, Warendorf 2007.

TIETJE, UTE: *Kosmos-Lexikon Westernreiten.* Kosmos, Stuttgart 2000.

Literatur

DORRANCE, BILL: *True Horsemanship Through Feel.* Diamond LU Productions 2007.

DORRACE, TOM: *True Unity. Communication between Horse and Human.* Word Dancer Production 1994.

HOFMANN, SILVIA C.: *Pferde natürlich halten.* BLV, München 2000.

HOLM, UTE: *Westernreiten – aber bitte klassisch.* Müller-Rüschlikon, Cham 2008.

HOURDEBAIGT, JEAN-PIERRE: *Pferde-Massage.* BLV, München 1998.

HUNT, RAY: Marmonie mit Pferden. *Ein Trainingsbuch für die Beziehung zwischen Mensch und Pferd.* Kierdorf-Verlag, Köln, 1998.

KARL, PHILLIPE: *Hohe Schule mit der Doppellonge.* Cadmos, Schwarzenbeck 2010.

KARL, PHILLIPE: ReitKunst. *Klassische Dressur bis zur Hohen Schule.* Cadmos, Schwarzenbeck 2009.

KLEVEN, HELLE KATRINE: *Biomechanik und Physiotherapie für Pferde.* FN-Verlag, Warendorf 2009.

LANGE, CHRISTINE: *Was kostet mich mein Pferd?* BLV, München 2002.

MARX-HOLENA, HILKE: *Homöopathie für Pferde.* BLV, München 2010.

OVER, UTA: *Hufpflege.* BLV, München 2001.

SAVOIE, JANE: *Winning Feeling. Positiv denken, erfolgreich reiten.* Franckh Kosmos, Stuttgart 2009.

SNADER, MEREDITH L.: *Pferde natürlich behandeln und heilen.* BLV, München 1999.

WYCHE, SARA: *Ganzheitliche Medizin für Pferde.* BLV, München 1997.

Über den Autor

Bernd Hackl ist einer der wenigen Horseman in Deutschland, die sich voll und ganz der Horsemanship verschrieben haben – am Boden und im Sattel. Seine Fähigkeiten mit Jung- oder sogenannten Problempferden umzugehen, verfeinerte der Süddeutsche in einigen USA-Aufenthalten bei Roy Sharpe, Steve Holloway und Bill Horn. Beeinflusst von Horsemen wie Buck Brannaman oder Ray Hunt fand Hackl bald seinen eigenen Weg: Pferde, die bei ihm in Beritt sind, erhalten eine solide Grundausbildung auf die dann aufgebaut werden kann, ganz gleich ob es sich dabei um die Ausbildung eines Turnier- oder Freizeitpferdes handelt.

Impressum

Bibliografische Information der Deutschen Nationalbibliothek

Die Deutsche Nationalbibliothek verzeichnet diese Publikation in der Deutschen Nationalbibliografie; detaillierte bibliografische Daten sind im Internet über http://dnb.d-nb.de abrufbar.

4. Auflage

BLV Buchverlag GmbH & Co. KG

80797 München

www.facebook.com/blv.verlag

Bildnachweis:
Alle Fotos von Jutta Bauernschmitt (www.jutta-bauernschmitt.de), mit Ausnahme von:
Steen, Carola: S. 22, 91

Umschlagkonzeption: Kochan & Partner, München
Umschlagfotos:
Vorderseite: Jutta Bauernschmitt
Rückseite: Jutta Bauernschmitt

Co-Autorin: Carola Steen
Lektorat: Annette Rose, Alexandra Stronski
Herstellung: Angelika Tröger
Layoutkonzept Innenteil: Kochan & Partner, München
DTP: Uhl + Massopust GmbH, Aalen

Gedruckt auf chlorfrei gebleichtem Papier

Printed in Germany
ISBN 978-3-8354-1070-1

Hinweis
Das vorliegende Buch wurde sorgfältig erarbeitet. Dennoch erfolgen alle Angaben ohne Gewähr. Weder Autoren noch Verlag können für eventuelle Nachteile oder Schäden, die aus den im Buch vorgestellten Informationen resultieren, eine Haftung übernehmen.